はじめに

はじめまして、VTuber 兼 VRoid クリエイターの LUCAS（りゅか）と申します。

「VRoid Studio」とはピクシブ株式会社より無償で提供されている、
自分だけの 3D アバターを制作・カスタマイズすることができるアプリケーションです。

あらかじめ人体のモデルが用意されており、シンプルで使いやすいインターフェースが特長です。
充実したカスタマイズ機能により、
イラストを描いているかのような直感的な操作でのモデリングができます。

しかし、いざ VRoid Studio を触ってみるとプリセットは豊富だけど
自分らしいアバターの作り方がわからない、
いまいち自分の思った通りのパラメータの調整にならない、
髪の毛が難しい……なんてことはないでしょうか？

本書は VRoid Studio に初めて触れる方のための基本操作解説から、
筆者が VRoid を始めてからの 5 年間で試行錯誤し見つけた、
より VRoid 3D モデルを自身の理想に近づけるための
中級者向けテクニックまでをまとめた技法書です。

VRoid Studio でのアバター制作には正解がなく、人それぞれの好みやこだわりが無限に存在しています。
本書では自分のこだわりを最大限に発揮するための小さなコツを
詳細にわかりやすく説明し、つまずいてしまう場面を減らし、
VRoid Studio をより楽しんでいただくことを目標に執筆いたしました。

なお今回のメイキングでは CLIP STUDIO PAINT 等の外部ペイントソフトを使用します。
しかし本書の主題はあくまで VRoid Studio のテクニックということで、
外部ソフトの操作説明は省略することをご了承ください。

自分が作ったアバターが動き出す楽しさをよりたくさんの方に知っていただけたら幸いです。

2024年7月 LUCAS

はじめに ……………………………………………………………………………… 2
ダウンロード特典・メイキング動画について ……………………………………… 8

Chapter 1 モデリングの前に

- 01 VRoid Studio の特徴を知ろう …………………………………………… 12
- 02 VRoid 用にキャラクターデザインをしよう ……………………………… 14
- 03 VRoid Studio をインストールしよう …………………………………… 17
- 04 基本画面とアプリの設定を知ろう ………………………………………… 19
  - Column VRoidの歴史 ………………………………………………… 22

Chapter 2 顔を作ろう

- 01 顔のパラメータを調整しよう ……………………………………………… 24
- 02 肌色をイラストに合わせよう ……………………………………………… 28
- 03 こだわりの瞳を再現しよう ………………………………………………… 31
- 04 アイラインを大胆に描こう ………………………………………………… 35
  - Tips パラメータの限界突破 …………………………………………… 37
  - Column 素体に描くか、テクスチャに描くか? ……………………… 37
- 05 顔の陰影とパーツを描こう ………………………………………………… 38
  - Tips テクスチャが表示される順番 …………………………………… 40
- 06 口と牙を作ろう ……………………………………………………………… 47
- 07 キャラに合った喜怒哀楽の表情を作ろう ………………………………… 50

▸▸▸ Chapter 3 体と服を作ろう

01 体型をキャラクターに合わせよう ･････････････････････････････････ 54
　　　Tips　バランスの良い体型 ････････････････････････････････････ 56

02 肌の塗りを再現しよう ･･･ 57
　　　Tips　影に淡い色を使いすぎない ････････････････････････････ 59
　　　Column　3Dに適した影の描き方 ････････････････････････････ 60

03 服の形を作ろう ･･･ 62
　　　Tips　貫通しにくい重ね着のコツ ････････････････････････････ 68

04 ペイントソフトを往復しながら描きこもう［上半身インナー］ ･･･ 69
　　　Tips　VRoidで直線を描く方法 ･･････････････････････････････ 74

05 ペイントソフトを往復しながら描きこもう［下半身インナー］ ･･･ 77
　　　Tips　影の描き方 ･･ 78
　　　Tips　高画質で描いてから縮小する ･･････････････････････････ 79

06 いろいろな質感を表現しよう［アウター］ ･････････････････････ 84
　　　Tips　裏地の付け方 ･･ 91

07 靴を作ろう ･･･ 92
　　　Column　VRoid Studioで描くか、ペイントソフトで描くか？ ･･･ 95

Chapter 4 髪型を作ろう

- 01 髪型編集の基本を知ろう ……………………… 98
- 02 髪の毛を描こう ………………………………… 101
- 03 髪のテクスチャを編集しよう ………………… 104
  - Tips 半円ハイライトの髪テクスチャの作り方 … 107
  - Tips 板ポリを使って前髪を作る ……………… 107
- 04 かきあげ前髪と横髪を作ろう ………………… 108
  - Tips 細かい毛束のテクニック ………………… 111
- 05 後ろ髪を作ろう ………………………………… 112
- 06 つけ髪を作ろう ………………………………… 116
- 07 ボーンを入れよう ……………………………… 123
- 08 髪の毛に合わせて全身を調整しよう ………… 127
  - Tips 髪を使った前髪影の作り方 ……………… 128

Chapter 5 アクセサリーを付けよう

- 01 ケモミミをつけよう …………………………… 130
- 02 メガネや尻尾をつけよう ……………………… 135
  - Tips メガネレンズのテクスチャ表現 ………… 136
- 03 サンバイザーを作ろう ………………………… 139
- 04 髪の毛でいろいろなアクセサリーを作ろう … 145
  - Tips リボンの塗り方 …………………………… 146
  - Column 羽をはやす …………………………… 152

Chapter 6 　見た目をカスタマイズしよう

01 「ルック」タブを使おう ……………………………………………………… 154
　　　Tips　ぱっつん前髪の注意点 …………………………………………… 154
　　　Tips　VRM書き出し後の「ルック」の設定 ……………………………… 156
02 VRoid Studio で撮影しよう ………………………………………………… 157
　　　Tips　イラスト風に見せる撮影のコツ …………………………………… 162
　　　Column　ポージングのコツ …………………………………………… 163
03 セルルック風のモデルを作ってみよう …………………………………… 164
04 リアル風のモデルを作ってみよう ………………………………………… 167
　　　Column　モデルと背景を馴染ませる …………………………………… 169

Chapter 7 　アバターを活用しよう

01 VRM 形式で保存しよう ……………………………………………………… 172
02 VRoid Hub で公開しよう …………………………………………………… 175
03 BOOTH のアイテムを使おう ……………………………………………… 179
04 トラッキングしてアバターとして利用しよう …………………………… 182
05 VRoid おすすめソフト／プラットフォーム ……………………………… 185

Index …………………………………………………………………………………… 190

ダウンロード特典・メイキング動画について

特典のダウンロード方法

Webブラウザを起動して、下記の本書Webサイトにアクセスします。

https://gihyo.jp/book/2024/978-4-297-14329-9

サイトが表示されたら、[本書のサポートページ]をクリックします。

▶ **本書のサポートページ**
サンプルファイルのダウンロードや正誤表など

特典データのダウンロードページが開きます。
下記パスワードを入力して、[ダウンロード]ボタンをクリックしてください。
パスワード：Ub4nG9iF

ダウンロード

ブラウザによって確認ダイアログが開くので、[保存]ボタンをクリックするとダウンロードが始まります。zip形式に圧縮されているので、展開してご利用ください。

※ファイル容量が大きいため、ダウンロードにはお時間がかかります。ブラウザが止まったように見てもしばらくお待ちください。
※インターネットの通信状況によってうまくダウンロードできない場合がございます。そのばあいはしばらく時間を置いてからお試しください。
※ご使用になるOSやWebブラウザによって、操作が異なることがあります。

ダウンロードファイルについて

特典データには以下が含まれます。
・HAINA.vroid
・HAINA（〜 v1.26.3）.vroid
・HAINA.vrm
・キャラクターデザインイラスト（4枚）
・ファイルご使用前にお読みください.txt

「.vroid」ファイルはVRoid Studio上で編集することができます。
すぐに3Dアバターを使ってみたい方は「.vrm」ファイルが便利です。
本書の手順に沿ってモデルを制作する際は、同封のキャラクターイラストをご活用ください。

◆ご注意
ファイルをご使用になる前に、「ファイルご使用前にお読みください.txt」を必ずお読みください。

アバターのライセンスについて

アバターをご利用いただける範囲は以下のようになっています。

・アバター利用	OK
（公序良俗に反する行為、政治的・宗教的な発信は禁止）	
・改変	OK
・パーツ流用	OK
・再配布	**NG**
・VRoid Hubに公開でアップロード	**NG**
・VRoid Hubに非公開でアップロード	OK

詳しくは特典データに同封されている「ファイルご使用前にお読みください.txt」をご確認ください。

メイキング動画について

メイキング動画は著者のYouTubeチャンネルにて公開され、どなたでもご視聴いただけます。

https://www.youtube.com/@lucasnosonzai

本書の内容について

- 本書はピクシブ株式会社の「VRoid Studio」を使用して解説しております。本書掲載の情報は、2024年8月現在のものになりますので、ご利用時には変更されている場合もあります。
また、ソフトウェアはバージョンアップされる場合があり、本書での説明とは機能内容や画面図などが異なってしまうこともあり得ます。本書ご購入の前に必ずソフトウェアのバージョン番号をご確認ください。
本書発行時点でのVRoid Studioの最新バージョンは「v1.29.0」です。

- 本書中で株式会社セルシスのCLIP STUDIO PAINTやアドビ株式会社のPhotoshopの使用例があります。これらのソフトウェアのバージョンアップ等で操作手順やインターフェースが変更となることがあります。なお、これら以外の一般的な画像編集ソフトで代用していただくことができます。

- 本書に記載された内容は、情報の提供のみを目的としています。本書の運用については、必ずお客様自身の責任と判断によって行ってください。これら情報の運用の結果について、技術評論社及び著者はいかなる責任も負いかねます。

- 本書で使用している作例ファイルをダウンロードデータとして配布しています。データのご利用は、お客様自身の責任と判断によって行ってください。これらのファイルを使用した結果生じたいかなる直接的・間接的損害も、技術評論社、著者、ファイルの制作にかかわったすべての個人と企業は、一切その責任を負いかねます。

- 本書に記載されている製品名、会社名、作品名は、すべて関係各社の商標または登録商標です。本文中では™、®などのマークを省略しています。

VRoid Studio(〜v1.29.0)の動作に必要なシステム構成

■ Windows
- Windows 10 / 11　※64ビットプロセッサ
- Intel Core i9 第9世代およびそれ以降、AMD Ryzen 9 第5世代およびそれ以降のCPU
- 16GB以上のメモリ
- Intel Iris Graphics 630およびそれ以上のグラフィックス
- 10GB以上のストレージ空き容量

■ macOS
- macOS 11　2015年 およびそれ以降発売モデル
- Intel Core i9 第9世代およびそれ以降、Apple M1シリーズのCPU
- 16GB以上のメモリ
- 10GB以上のストレージ空き容量

■ iPad
- iPad Air（第5世代）
- iPad Pro 11インチ（第3世代、第4世代）
- iPad Pro 12.9インチ（第5世代、第6世代）

※これらは推奨動作環境です。それぞれの最低動作環境については、VRoidヘルプサイト（https://vroid.pixiv.help/hc/ja/articles/900006049066）を参照ください。

Chapter 1

モデリングの前に

VRoid Studioの特徴を知ろう

VRoid Studioとは

VRoid Studioは、イラストコミュニケーションサービス「pixiv」を運営するピクシブ株式会社が提供するフリー3Dモデリングソフトです。VRoid Studioを含む、ピクシブによる一連の3D事業を**VRoid**と呼びます。
VRoid Studioでは素体が最初から用意されており、紙の上に絵を描くのと同じ感覚で直感的に髪の毛を生やしたり衣装に模様を描いたりといったことができるのが最大の特徴です。
既存の型に合わせテクスチャを描きこんで制作するので、簡単にBOOTHなどで配布されている衣装に着替えることが可能です。
VRoid Studioは現在、Windows／macOS／iPad OSで利用可能です。

VRoidでできること

❶ 豊富なプリセットが用意されておりモデリング知識不要で3Dモデルを作ることができる

顔、髪型、衣装の各アイテムに多くのプリセットが用意されており、それらを自由に組み合わせることができます。また、色や位置、角度、大きさも調整が可能で、プリセットだけでも無限の組み合わせが存在します。
自身でテクスチャを作成すれば絵柄にも制限がありません。

❷ BOOTHで販売されているアイテムを簡単に装着できる

VRoid Studioでカスタムアイテム（自身で制作した各パーツ）をエクスポート／インポートするためのファイル形式（.vroidcustomitem）が用意されており、商用利用が可能なためユーザー間での売買が可能です。
2024年4月時点で4万件以上のVRoid関連商品がBOOTHにて販売されています。

❸ **作ったモデルを様々な使い方ができる**

制作したアバターをVRMで書き出すことで、clusterなどのVRSNSやCraftopiaなどのゲームにアバターとして読み込んだり、トラッキングソフトを使ってVTuberとして活動したりすることが可能です。
詳細はChapter 7で紹介しています。

また、VRoid Studioで出力した3Dプリント用データを、ピクシブが提供するグッズ制作サービス「pixivFACTORY」にアップロードするだけで3Dプリントフィギュアを作成することもできます。

VRoidが苦手なこと

❶ **立体的なパーツの再現が苦手**
VRoid Studioでは一枚の型紙にだまし絵のように描きこんで制作するため、フリルやリボン、布の厚みをだすことが難しいです。
そのため横から見た際ペラペラな印象を受ける場合があります。

❷ **制作が難しい形状がある**
VRoid Studioにはいろいろな種類の服の型紙が取り揃えられており、パラメータ調整や重ね着機能を使うことで多種多様な服を制作することができます。しかしある程度服の形状が決まっていて調整できる部位には限りがあるため、制作できない服があります。着物や浴衣の袖なども、近いものは作れますが完全再現はできません。

❸ **頭部のアクセサリーが現状髪の毛でしか制作できない**
帽子などのファッション小物はプリセットがなく、髪の毛機能を使用して制作することになります。
簡易的な造形の帽子などは作ることができますが、左右非対称なものや細かなカーブがあるものは製作が難しいです。
ピアスなども髪の毛で制作が可能ですが、グループ移動などが出来ないため位置調整に手間が掛かります。

Chapter 1 02 VRoid用にキャラクターデザインをしよう

キャラクターデザインの決め方

まずは作りたいキャラクターの要素をたくさん書き出していきましょう。
書き出せるだけ書き出した後、いらないと思う要素を削っていきます。

あまり難しいことは考えず**自分の好きな要素を並べていくのがおすすめ**です。
まずはモデルを完成させることが大切になるので作っていて自分の気分があがる要素で固めてください。

いざ作るときにアイデアが出ない！とならないように、普段から「こういうデザインの服が好き」「この色とこの色の組み合わせが好き」などメモしたり、画像を保存しておくと良いでしょう。

また、初心者の方はメインとなるカラーを2色程度にしておくとまとまりのあるデザインになりやすいです。
中級者以上の方は入れたい要素が決まったら服の素材感や柄、メイクのイメージ、細かな装飾にモチーフを入れるなど一つ一つの要素を深堀りしていきましょう。

今回はスポーティーかつ、クリア素材を使ったバーチャルらしいデザインのモデルを制作していきます。

イラスト/キャラクターデザイン　作・BEBE

また、本書ではキャラクターデザインのイラストを基に制作する場合の工程を解説していきますが、次図のようなラフからVRoid Studio上で細かいデザインやしわなどの質感を詰めていく場合もあります。

ラフイラスト　　　　　　　　　　　　　VRoid Studioで制作した衣装

VRoidでは避けた方が良いデザイン

VRoidの型紙を見ながらキャラクターデザインを決めます。
制作しづらい造形は多々ありますが、今回は避けた方が良い例を4つほどご紹介します。

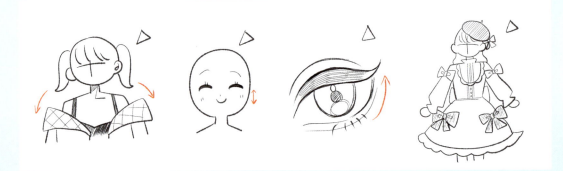

❶ 脱げかけの服や過度にオーバーサイズな服
VTuberのデザインに多い服の造形ですが、肩から落ちている服の表現がVRoidでは難しいです。

❷ 鼻と口の位置がかなり近い
鼻と口の間（人中）が短い顔は可愛らしい顔になりやすいですが、かなり近い状態だと口を開けた際に上唇が鼻に食い込みやすいです。その場合口の開きをかなり小さく設定しないといけないため、あまり表情豊かなモデルを作ることが出来なくなってしまいます。

❸ 極度なつり目
つり目自体は問題なく制作できるのですが、一定以上のつり目だと目をつむった際に違和感のある顔になりやすいです。

❹ 立体的な装飾
平面に描きこんで制作するため、大きく立体的な装飾はあまり多く盛り込まないほうが、横面から見た際に違和感が出にくいです。

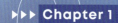

03 VRoid Studioを インストールしよう

VRoid Studioには、Windows ／ macOSのインストーラー版、Steam版、iPad版と複数のインストール方法があります。カメラ操作など一部を除き使える機能は同じなので、自身の環境にあったものを利用しましょう。

Windows ／ macOS

VRoid Studio公式サイト（https://vroid.com/studio）にアクセスします。最新版をダウンロードする場合はサイトトップの[Windows版][macOS版]をクリックします。

ダウンロードボタンをクリック

❶[過去のバージョン]をクリック

❷インストールするバージョンをクリック

過去のバージョンをインストールしたい場合は、サイトをスクロールして[過去のバージョン]をクリックし、インストールしたいバージョンのリンクをクリックします。
本書の解説では主にv1.27.0（一部機能はv1.28.1）を使用してモデルを制作していきます。

ダウンロードされた「VRoidStudio-v1.XX.X-win.exe」（macOSでは「VRoidStudio-v1.XX.X-mac.dmg」）を起動し、VRoid Studioをインストールします。
インストーラー版は自動ではアップデートされないため、お知らせ（P19参照）をチェックしてリリース情報を確認しましょう。

Steam

SteamストアのVRoid Studioストアページ（https://store.steampowered.com/app/1486350/）からダウンロードします。Windows、macOSの両方で利用できます。
Steam版は**自動アップデート設定**にしておくと便利です。

iPad

App Storeからダウンロードします。iPad版のみ**タッチジェスチャー**の使用が可能です。

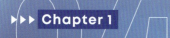

基本画面とアプリの設定を知ろう

モデル選択画面を知る

④ メニュー項目と設定項目

① 新規作成
クリックすると男女の選択肢から新規モデルを作成できます。

② 開く
作成済みの.vroidデータを開き編集画面に移ります。

③ お知らせ
VRoid Studioのアップデート情報が表示されます。

④ メニュー
設定やヘルプ、VRoid Hubのサイトに移ることができます。

⑤ ベータ版で保存されたモデル
VRoid Studio1.0.0より以前のバージョンで保存されたモデル一覧です。
選択すると正式版用にコンバートされますがベータ版と正式版ではポリゴンやパラメータが異なるため歪みが生じる場合があります。

モデル編集の基本画面を知る

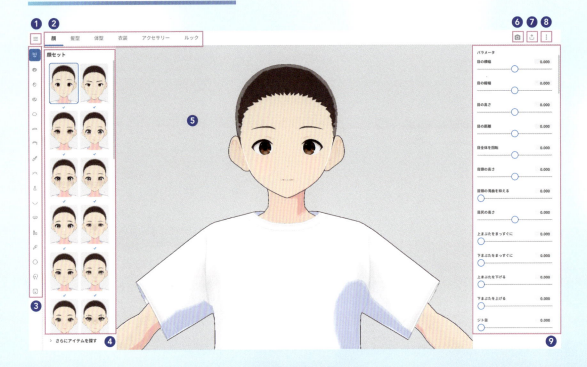

❶ 左上のメニュー

保存（上書き保存）、名前を付けて保存、カスタムアイテムをインポート、元に戻す、やり直し、モデル選択に戻る、を選択できます。

❷ 各種タブ

クリックすると各編集画面に移動します。

❸ カテゴリ一覧

クリックすると現在のタブの各カテゴリのプリセット、カスタムアイテムが表示されます。

❹ プリセット一覧

クリックするとプリセットが適用されます。

❺ モデル表示領域

編集中のVRoidアバターが表示されます。

❻ 撮影

クリックすると撮影画面に移動します。

❼ エクスポート

クリックするとエクスポート画面に移動します。

❽ 右上のメニュー

モデル一覧画面と同様のメニューが表示されます。

❾ パラメータ

各種パラメータです。ここを調整することで各パーツのサイズや形を変えることができます。

覚えておきたいショートカットキーとマウス操作

- 保存　　　　　　`Ctrl`+`S`
- 元に戻す　　　　`Ctrl`+`Z`
- やり直し　　　　`Ctrl`+`Shift`+`Z`
- ズームイン　　　`Ctrl`+`;`／マウスホイール
- ズームアウト　　`Ctrl`+`-`／マウスホイール
- 回転　　　　　　右ドラッグ
- 移動　　　　　　`Shift`+左ドラッグ／
　　　　　　　　　`Spce`+左ドラッグ
- ブラシ　　　　　`B`
- 消しゴム　　　　`E`
- 平行投影と透視投影の切り替え　`5`

その他、全てのショートカットキーはヘルプサイト（https://vroid.pixiv.help/hc/ja/articles/900006050066-キーボードショートカット）にまとめられています。

Column VRoidの歴史

2018年夏にVRoid Studioのベータ版がリリースされてから6年間、VRoidは世界へ広がり、VRoid Studioでできることも大幅に増えてきました。
ここではVRoidの歴史を、今までに制作したモデルとともに紹介します。

2018年7月31日	先行利用者へベータ版の提供開始
2018年8月3日	ベータ版リリース
2018年12月21日	モデル投稿・共有プラットフォームVRoid Hub提供開始
2019年7月18日	VRoidモバイル提供開始
2021年10月31日	**VRoid Studio正式版（v1.0.0）リリース！**
2023年9月7日	iPad版提供開始
2023年12月14日	顔＆髪プリセット200種追加アップデート
2024年2月21日	VRoid Hub撮影ブース機能リリース

chapter 2

顔を作ろう

 Chapter 2

顔のパラメータを調整しよう

デフォルトのモデルを読み込む

VRoid Studioを起動し、[新規作成]→[女性]を選択します。

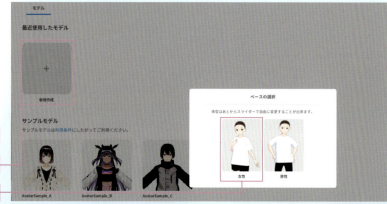

❶ VRoid Studioを起動
❷ [新規作成]をクリック
❸ [女性]をクリック

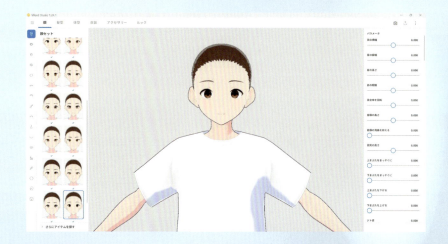

はじめは[顔]タブが選択されています。デフォルトの顔アセットでパーツの位置、形を大まかに調整していきます。

目の調整

スライダーを動かすか、**数値を直接入力**してパラメータを設定します。目の横幅、縦幅をやや横長に調節したのち、黒目がまぶたにかかるように瞳の位置を調節します。
目頭、目じりの高さを調節したら目の調整は完了です。

■ 調整後のパラメータ

① 「目の縦幅」0.115
② 「目全体を回転」-0.211
③ 「目頭の高さ」-1.0
④ 「目頭の湾曲を抑える」1.0
⑤ 「目尻の高さ」0.229
⑥ 「下まぶたを上げる」1.0

現時点ではテクスチャの書き込み後に印象が変わる場合があるので、完璧な調整をする必要はありません。

鼻の調整

モデルの横顔を見ながら鼻の高さ、カーブ、鼻の下の高さを調節します。**鼻先から顎までを直線に調整する**ことでアニメイラストのような顔立ちに近づけられます。

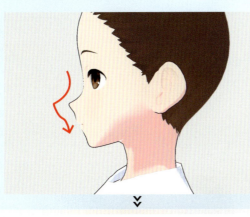

① [鼻]カテゴリをクリック
② 「鼻先の上下」0.176
③ 「鼻筋のカーブ具合」0.581
④ 「鼻全体の高さ」0.291
⑤ 「鼻の下の高さ」-1.0

口の調整

口は、表情を調整する際に細かく設定を行うため、角度の調整のみに留めます。

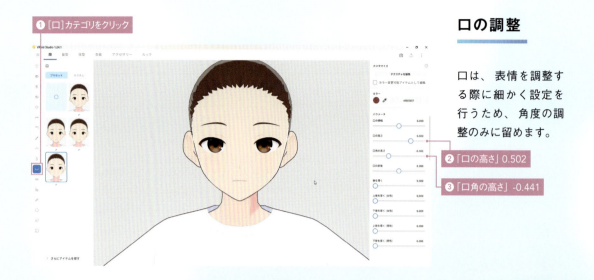

② 「口の高さ」0.502

③ 「口角の高さ」-0.441

まゆげの調整

イメージに近い眉プリセットを適用し、高さ、幅を調整します。

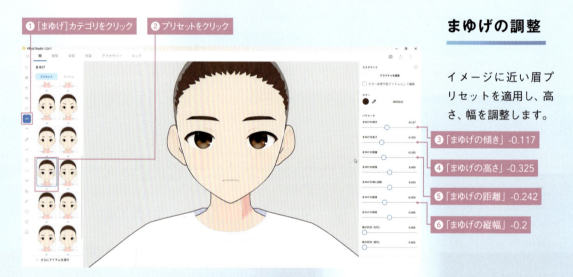

③ 「まゆげの傾き」-0.117

④ 「まゆげの高さ」-0.325

⑤ 「まゆげの距離」-0.242

⑥ 「まゆげの縦幅」-0.2

/ Point /

まゆげは絵柄やキャラクターの個性により形状が大きく変わるパーツですが、**白目のサイズと同程度の横幅**に調整するとバランスが良いです。

輪郭の調整

デフォルトの輪郭は耳から顎にかけての長さがやや短めに設定されているので、「頬を下膨れに」「ほほの高さ」パラメータを調整し丸みが出るよう調整します。
その後「耳の大きさ」パラメータを小さい値にし、「顎を下げる」パラメータを調整することでベース型の輪郭にすることが可能です。

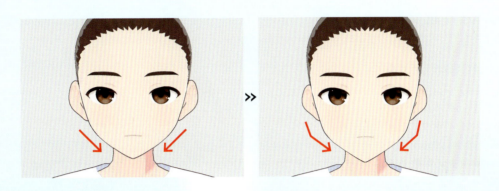

■ 調整後のパラメータ

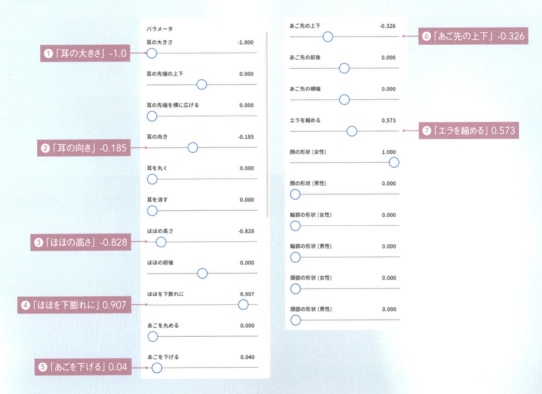

❶「耳の大きさ」-1.0
❷「耳の向き」-0.185
❸「ほほの高さ」-0.828
❹「ほほを下膨れに」0.907
❺「あごを下げる」0.04
❻「あご先の上下」-0.326
❼「エラを縮める」0.573

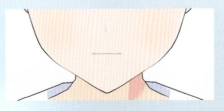

「エラを縮める」「あご先の上下」パラメータを調整することによって**頬がふっくらと丸みを帯びつつ、シャープな顎にする**ことができます。

▶▶▶ **Chapter 2**

肌色をイラストに合わせよう

テクスチャ編集モードに入る

[顔]タブを選択した状態で[肌]カテゴリを選びます。右パネルの「カスタマイズ」にある[テクスチャを編集]ボタンからテクスチャ編集画面に移動できます。
なお、「**顔セット**」、「**目セット**」および「**表情管理**」には[**テクスチャを編集**]**ボタンはありません。**

❶[肌]カテゴリをクリック　　❷[テクスチャを編集]をクリック

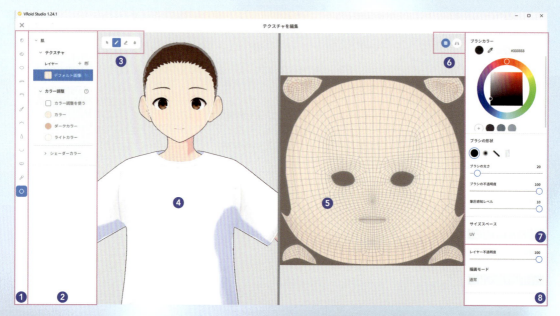

❶ **装着中カテゴリ**
ここで選択されているパーツのテクスチャを❹や❺のエリアで編集することができます。

❷ **レイヤー・カラー調節パネル**
テクスチャのレイヤー操作と、カラー調整ができます。

❸ **ツールパネル**

選択ツール、ブラシツール、消しゴムツール、ぼかしツールを選択できます。

❹ **モデル表示エリア**

テクスチャが反映されたモデルが表示されるエリアです。ここに表示されているモデルに直接描き込むことができます。

❺ **テクスチャ表示エリア**

選択中パーツのテクスチャ展開図が表示されます。ここに表示されているテクスチャに描き込むことができます。

❻ **編集オプション**

テクスチャガイドのON/OFF、ミラーリング機能のON/OFFを切り替えることができます。

❼ **ブラシパネル**

ブラシの色やブラシの形状変更ができます。スポイトで色を拾ったり、カラーサークルの下にある[＋]ボタンをクリックすることで選択中の色を保存したりすることも可能です。

❽ **レイヤーオプション**

選択しているレイヤーの不透明度・描画モードを変更することができます。

/ **Point** /
「チーク」や「口紅」などデフォルトではオフになっているカテゴリでは、いずれかのプリセットを選ぶことでテクスチャを編集できます。

レイヤーパネルの操作

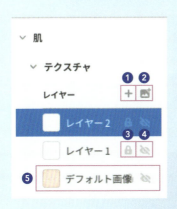

❶ **新規レイヤーを追加**

何も書かれていない透明なレイヤーが追加されます。

❷ **画像をインポート**

PCやiPad内の画像を読み込み、レイヤーとして追加することができます。

❸ **透明度保護**

ONにすると、レイヤーに描かれていない透明部分への描きこみができなくなります。

❹ **表示／非表示**

レイヤーの表示／非表示を切り替えることができます。

❺ **デフォルト画像**

新規でテクスチャ編集を始めるとデフォルト画像が表示された状態になっています。

レイヤーの選択メニュー

レイヤーパネル上で右クリックするとメニューが表示されます。

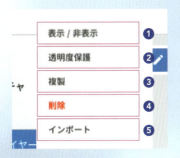

❶ **表示／非表示**

表示／非表示アイコンと同様に、レイヤーの表示/非表示を切り替えることができます。

❷ **透明度保護**

透明度保護をONにすると、レイヤーに描かれていない部分には描き込むことができなくなります。

❸ **複製**

選択しているレイヤーを複製できます。

❹ **削除**

選択しているレイヤーを削除できます。

❺ **インポート**

選択しているレイヤーに対して画像を読み込んで上書きできます。

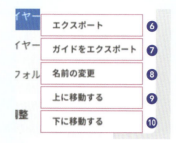

❼ ガイドをエクスポート

テクスチャの位置を確認するためのグリッド（UV）画像をエクスポートできます。

❽ 名前の変更

選択しているレイヤーの表示名を変更できます。

❾ 上に移動する

選択しているレイヤーを上に移動し、一つ上のレイヤーと重ね順を入れ替えます。

❿ 下に移動する

選択しているレイヤーを下に移動し、一つ下のレイヤーと重ね順を入れ替えます。

❻ エクスポート

選択しているレイヤーを1枚の画像としてエクスポートできます。

肌テクスチャを塗る

イラストから肌のカラーコードをコピーし、VRoid Studioのブラシカラーに貼り付けテクスチャを塗りつぶします。このとき、**カラー調整機能** と **シェーダーカラーはOFF**にしておきましょう。

❶ ペイントソフトで肌のカラーコードをコピー

図はPhotoshopの例です。

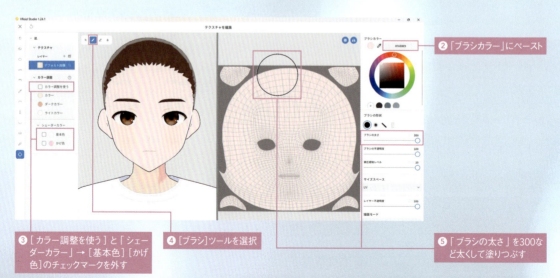

❸ ［カラー調整を使う］と「シェーダーカラー」→［基本色］［かげ色］のチェックマークを外す

❹ ［ブラシ］ツールを選択

❷ 「ブラシカラー」にペースト

❺ 「ブラシの太さ」を300など太くして塗りつぶす

／ Point ／

この本の作り方では、［カラー調整を使う］は**常にオフにして編集**します。
「シェーダーカラー」→［基本色］［かげ色］は、**テクスチャ編集後に設定**します。

Chapter 2 ▶▶▶ 03 こだわりの瞳を再現しよう

ベースを塗る

瞳を描いていきます。はじめにテクスチャ編集画面で、[目]カテゴリを選択します。
透明度の保護をオンにし、瞳のベースカラーになるグリーンで塗りつぶします。

❶ [目]カテゴリをクリック
❷ [透明度保護]アイコンをクリックしてONにする
❸ ブラシカラーを薄いグリーン（#8DC189）にして塗りつぶす

上半分をソフトブラシで塗り、グラデーションにします。**グラデーションを作るときは「ブラシの不透明度」を下げます。**

❶ [ソフトブラシ]をクリック
❷ 「ブラシの不透明度」を[25]にする
❸ ブラシカラーをピンク（#FD4587）にして上半分を塗る

フチ、瞳孔を描く

ソフトブラシで瞳のフチを囲み、瞳孔を描きこみます。

❶ 黒（#000000）でフチを囲む
❷ ベースより暗いグリーン（#586663）と黒で瞳孔を書く
❸ 暗いグリーンでフチの下側を塗る

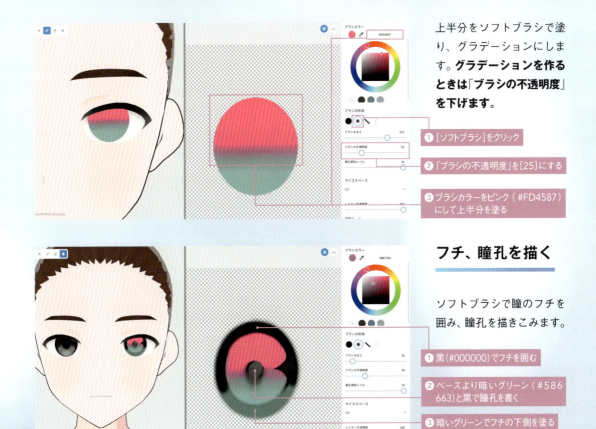

ぼかす

透明度の保護をOFFにし、ぼかしツールでフチと瞳孔をぼかします。

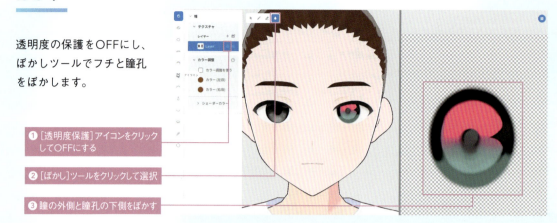

❶ [透明度保護] アイコンをクリックしてOFFにする

❷ [ぼかし] ツールをクリックして選択

❸ 瞳の外側と瞳孔の下側をぼかす

> / Point /
> VRoid Studio上でアタリだけ描き、瞳の描き込みはCLIP STUDIO PAINTなどの普段使っているペイントソフトで完成させる方法もあります。

瞳をコピーする

瞳が完成したら、ペイントソフトで反対側の目にコピーします。
瞳を描くときに[ミラーリング]機能を使う場合はこの工程は不要です。

❶ レイヤー上でクリック→[エクスポート]

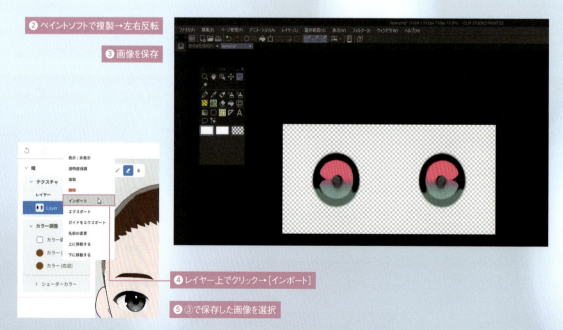

❷ ペイントソフトで複製→左右反転

❸ 画像を保存

❹ レイヤー上でクリック→[インポート]

❺ ❸で保存した画像を選択

ハイライトを描く

モデルにソフトブラシでハイライトを描きこみます。
VRoid Studioで作成したハイライトをエクスポートし、CLIP STUDIO PAINTに読み込み、レイヤー効果でアウトラインを生成します。

❶ [瞳のハイライト]カテゴリをクリック

❷ デフォルトのレイヤー上でクリック→[削除]

❸ [+]ボタンでレイヤーを追加

❹ [ミラーリング]をオンにする

❺ 白(#FFFFFF)のソフトブラシでハイライトを描く

❻ 「レイヤー1」上でクリック→[エクスポート]

/ Point /
以降、この本の作り方では**基本的にミラーリング機能をONにしてテクスチャを編集していきます**。服の左右非対称のパーツなどを描くときのみOFFにします。

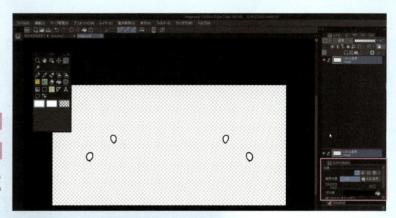

❼ ペイントソフトでアウトラインを加える

❽ png形式で画像をエクスポート

例ではCLIP STUDIO PAINTを使っていますが、他のペイントソフトでも問題ありません。

画像を書き出し後、VRoid Studioにインポートしたら完成です。

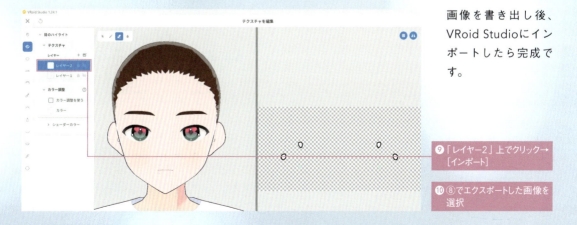

❾ 「レイヤー2」上でクリック→[インポート]

❿ ❽でエクスポートした画像を選択

白目を描く

イラストの色に合わせて白目を塗りつぶします。

① [白目]カテゴリをクリック

② デフォルトのレイヤー上でクリック→[削除]

③ [+]ボタンでレイヤーを追加

④ 薄茶色（#CDBDC4）のソフトブラシで塗りつぶす

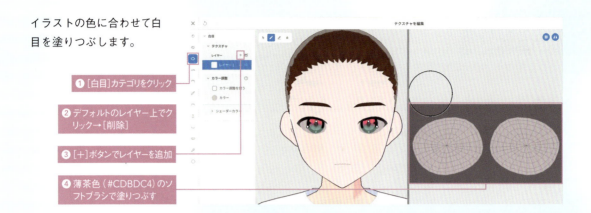

白目の内側に肌と同じ色を塗り、肌と白目の境目をなくします。
視線が動いた際に違和感が出ないよう、中央から全体の1/3程度をグラデーションになるようにします。

① [+]ボタンでレイヤーを追加

② 肌と同じ色（#EAEBE9）のソフトブラシで塗る

レイヤーを追加し、乗算で白目の中の影を描き込みます。

① [+]ボタンでレイヤーを追加

② [描画モード]→[乗算]を選択

③ グレー（#333333）のハードブラシで塗る

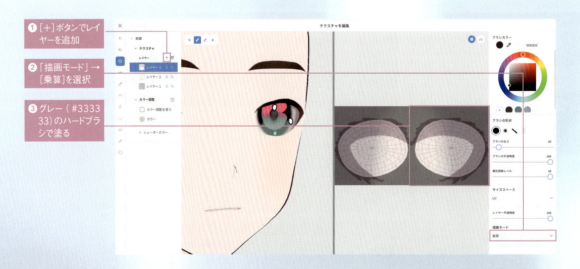

/ **Point** /
外側のフチにも影を描き込むことで、斜めを向いたときに奥行きを表現できます。

▶▶▶ Chapter 2

04 アイラインを大胆に描こう

アイラインを描く

はじめにアイラインのアタリをとります。モデル表示エリアに直接描き込みバランスをとりましょう。

❶ [アイライン]カテゴリをクリック　❷ こげ茶色(#5E5154)でアイラインを描く　❸ くすんだピンク(#BF737C)で目尻を描く

透明度保護をONにし、目頭の赤みと目尻の陰影を描き込みます。
その後アウトライン、下まぶた、下まつげを描いていきます。

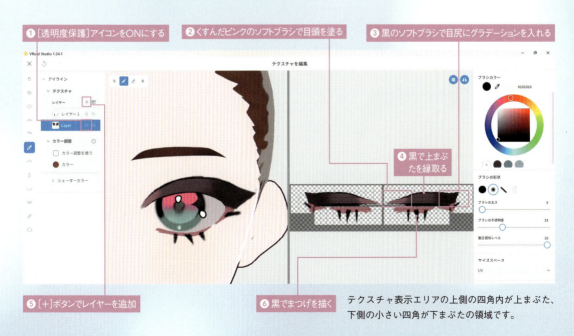

❶ [透明度保護]アイコンをONにする　❷ くすんだピンクのソフトブラシで目頭を塗る　❸ 黒のソフトブラシで目尻にグラデーションを入れる　❹ 黒で上まぶたを縁取る　❺ [+]ボタンでレイヤーを追加　❻ 黒でまつげを描く

テクスチャ表示エリアの上側の四角内が上まぶた、下側の小さい四角が下まぶたの領域です。

二重線を描く

まぶたに二重線を描き込みます。**まぶたはパラメータによって歪みやすいパーツ**のため、モデル表示エリアに直接描き込みましょう。
二重線を描き込んだら透明度保護をONにし、目頭側に赤みを入れます。

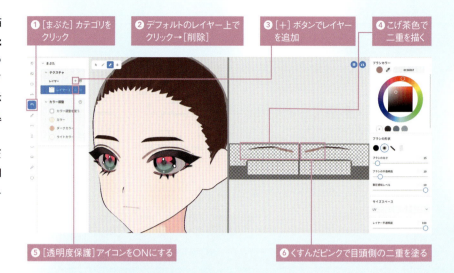

まつげを描く

まつげのおおまかな形をとっていきます。**まつげはモデルに直接描き込みがしにくい**パーツなので、テクスチャとモデル交互に書き込んでバランスをとります。

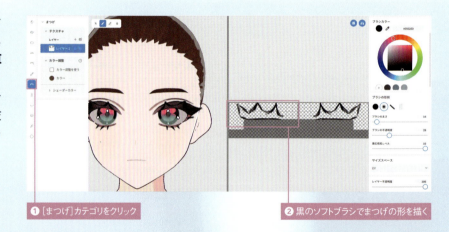

形がとれたら塗りつぶして、透明度保護をONにします。まつげの先にピンクでグラデーションを入れアウトラインを描きます。
毛束の内側になる部分にハイライトを入れ立体感を出し完成です。

Tips パラメータの限界突破

顔や体、服の編集のスライダーの右上にある数値を直接編集することで、**スライダーで動かせるパラメータの上限を超えて、編集することが可能です。**
例えば、「まつげを下に向ける」パラメータをマイナス値にすることによって、まつげを上に伸ばすことができます。
上限を超えた値で調整した場合、モデルの動きが破綻することがあるのであまり極端な数値は入力しないようにしましょう。

Column 素体に描くか、テクスチャに描くか？

結論、描きやすい方に描くのが一番良いです。
素体に描く方がバランスがとりやすいのでラフを素体に描き、清書をテクスチャに描くなど自分の描きやすい手順を探してみてください。
どちらに描く場合でも**サイズスペースを変更することでゆがみを軽減することができる**ので活用していきましょう。

サイズスペース

UV

✓ UV

　ワールド

ガイドの密度のように、テクスチャを3Dモデルに反映するとき伸縮する箇所があります。サイズスペースは描画するブラシの基準スペースを変更できます。

- UV　　　**3Dモデルに描き込んだときに**歪まないようにします。反面、テクスチャ表示で歪んで表示されるように見えることがあります。
- ワールド　**テクスチャ表示に描き込んだときに**歪まないようにします。反面、3D上への反映に合わせてモデル上で歪んで表示されるように見えることがあります。

Chapter 2 — 顔の陰影とパーツを描こう

目元の陰影を入れる

彫りの深さを表現するために目頭に薄い肌色を描きこみます。
中央に向かってグラデーションで薄くなっていくように描くことで自然な印象になります。
目尻には少し赤みを入れ、下まぶたにも影を入れることによって目をより印象的に見せることができます。

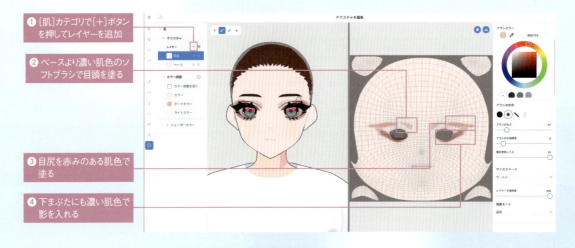

❶ [肌]カテゴリで[＋]ボタンを押してレイヤーを追加
❷ ベースより濃い肌色のソフトブラシで目頭を塗る
❸ 目尻を赤みのある肌色で塗る
❹ 下まぶたにも濃い肌色で影を入れる

頭の陰影を入れる

顔の周りを影で囲みイラストらしい薄い横顔にします。
前を見たときに少し影が見えるくらいの描き込みが丁度よいです。

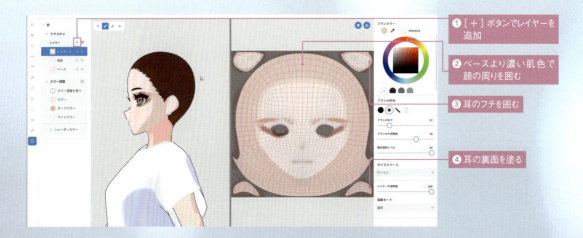

❶ [＋]ボタンでレイヤーを追加
❷ ベースより濃い肌色で顔の周りを囲む
❸ 耳のフチを囲む
❹ 耳の裏面を塗る

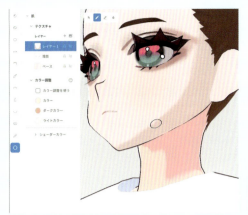

横髪が少なく耳と影の境目が見えるモデルでは違和感が出やすいので、その場合は耳の少し下までの範囲を塗りましょう。

顔と首のテクスチャの境目をなじませるため、イラストの首の陰の色に合わせて輪郭と首の境目に茶色をぼかしながら描きこみます。

首の陰の色が薄い場合は、顔を囲った色と首の陰の色を同じにしても良いです。

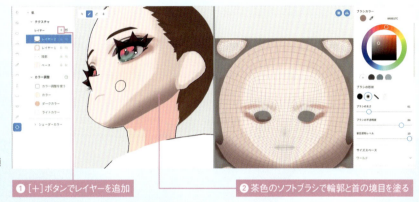

❶ [＋]ボタンでレイヤーを追加
❷ 茶色のソフトブラシで輪郭と首の境目を塗る

チークを入れる

頬に色を置き、ぼかしで伸ばしながら範囲を調節していきます。

❶ [チーク]カテゴリをクリック
❷ デフォルトのレイヤーを削除
❸ [＋]ボタンでレイヤーを追加

❹ ソフトブラシで頬にピンク色を置く
❺ [ぼかし]ツールをクリック
❻ チークの範囲を調整

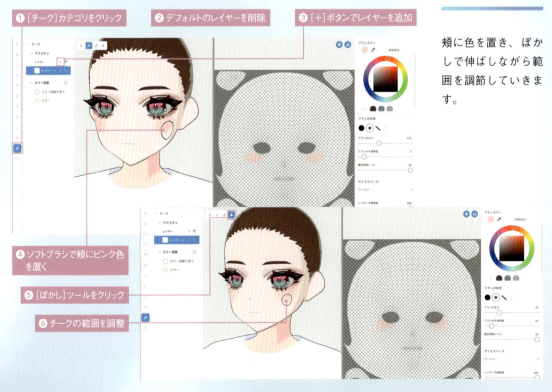

Tips テクスチャが表示される順番

[鼻]、[口]、[口紅]、[チーク]、[フェイスペイント]、[肌]カテゴリは全て同じ形のテクスチャですが、レイヤー構造のように描画順が存在します。
上から、[**フェイスペイント**]→[**口**]→[**口紅**]→[**チーク**]→[**鼻**]→[**肌**]の順で表示されます。
そのため、[肌]に下まぶたの影を入れると[チーク]で隠れてしまう場合があります。その場合は[チーク]のレイヤーをエクスポートし、[肌]カテゴリ内のレイヤーにインポートしましょう。

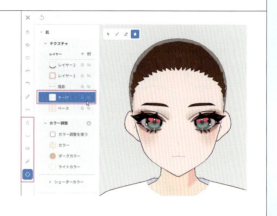

口を描く

口はテクスチャのガイドに合わせて直線を引きます。

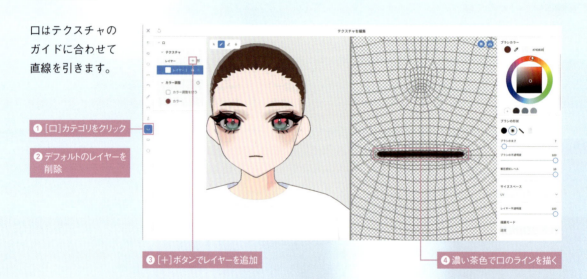

① [口]カテゴリをクリック
② デフォルトのレイヤーを削除
③ [＋]ボタンでレイヤーを追加
④ 濃い茶色で口のラインを描く

その後透明度保護をONにし中央に赤みを足します。

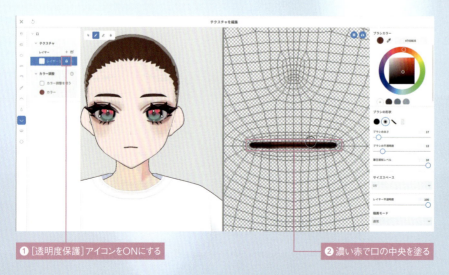

① [透明度保護]アイコンをONにする
② 濃い赤で口の中央を塗る

唇を描く

唇は、テクスチャ編集画面の[口紅]タブで塗ります。**デフォルトでは非表示になっている**ので、一旦テクスチャ編集画面を閉じて、口紅のプリセットを選択します。

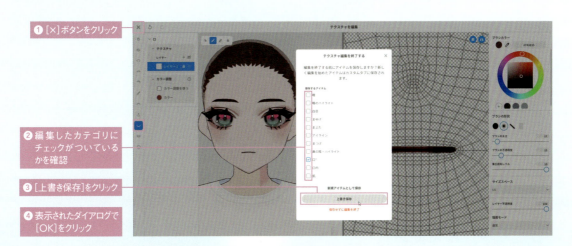

❶ [×]ボタンをクリック
❷ 編集したカテゴリにチェックがついているかを確認
❸ [上書き保存]をクリック
❹ 表示されたダイアログで[OK]をクリック

テクスチャ編集画面を閉じると[顔]タブの画面に戻ります。[口紅]カテゴリで[カスタム]→[新規作成]をクリックし、再びテクスチャ編集モードに入ります。

❶ [口紅]カテゴリをクリック
❷ [カスタム]→[新規作成]をクリック
❸ [テクスチャを編集]をクリック

テクスチャ編集画面で唇に薄く色を入れます。フチをぼかすと自然な印象になります。

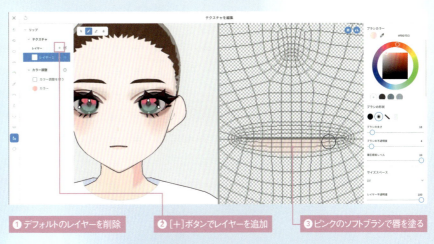

❶ デフォルトのレイヤーを削除
❷ [+]ボタンでレイヤーを追加
❸ ピンクのソフトブラシで唇を塗る

鼻を描く

テクスチャの中心に点を描き込みます。

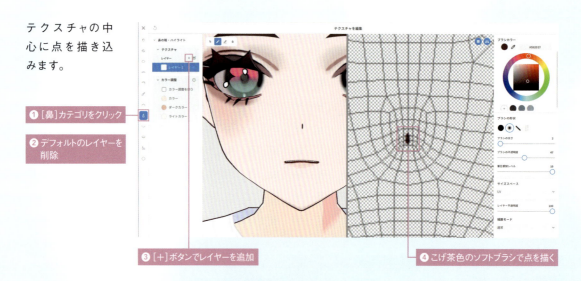

①[鼻]カテゴリをクリック
②デフォルトのレイヤーを削除
③[+]ボタンでレイヤーを追加
④こげ茶色のソフトブラシで点を描く

中心を起点に円を描きフチをぼかします。

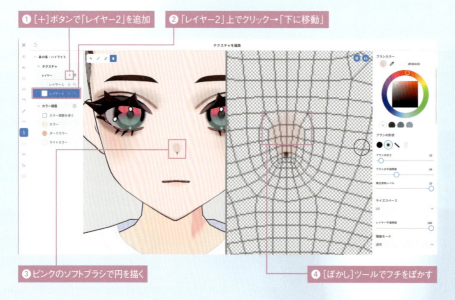

①[+]ボタンで「レイヤー2」を追加
②「レイヤー2」上でクリック→「下に移動」
③ピンクのソフトブラシで円を描く
④[ぼかし]ツールでフチをぼかす

/ Point /
手順③では、「ブラシの不透明度」を[5]など小さい値にして[ブラシ]ツールや[消しゴム]ツールを使ってぼかしつつ形を整えます。

耳を描く

耳珠の部分が盛り上がっているため、テクスチャと素体を往復して耳の影を調整しながら描き込みましょう。

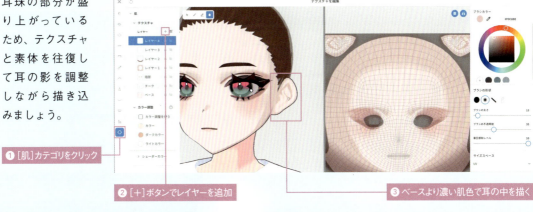

❶ [肌]カテゴリをクリック
❷ [+]ボタンでレイヤーを追加
❸ ベースより濃い肌色で耳の中を描く

フェイスペイントをつける

[フェイスペイント]カテゴリも口紅と同様にデフォルトでは非表示になっているので、「唇を描く」のときと同様にカスタムアイテムを追加します。
テクスチャ編集画面でフェイスペイントのタブに移動し、黒子を左右対称に描き込みます。

❶ テクスチャ編集画面を閉じる
❷ [フェイスペイント]カテゴリをクリック
❸ [カスタム]→[新規作成]をクリック
❹ [テクスチャを編集]をクリック

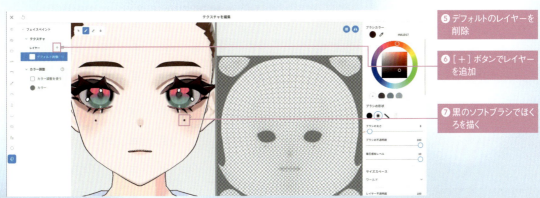

❺ デフォルトのレイヤーを削除
❻ [+]ボタンでレイヤーを追加
❼ 黒のソフトブラシでほくろを描く

まゆげを描く

まゆげをイラストの形に合わせ黒く塗りつぶします。

❶ [まゆげ] カテゴリをクリック

❷ 黒のブラシでまゆげを塗る

❸ [消しゴム] ツールで形を整える

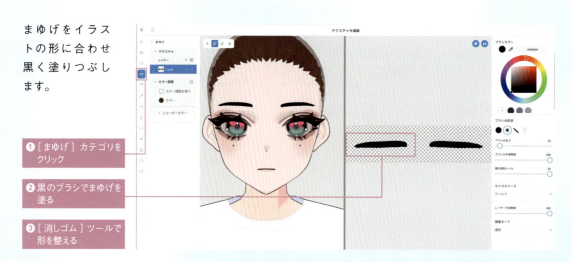

まゆげの端に薄い色を入れ馴染ませます。

❶ [透明度保護] アイコンをONにする

❷ 灰色のソフトブラシでまゆげの端を塗る

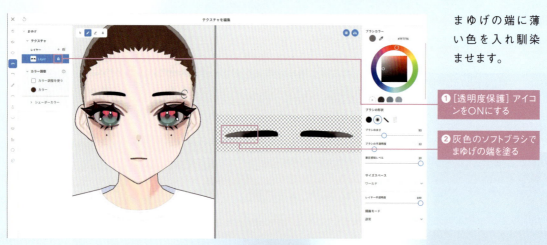

端をぼかし肌と馴染ませます。

❶ [ぼかし] ツールをクリック

❷ まゆげの端をぼかす

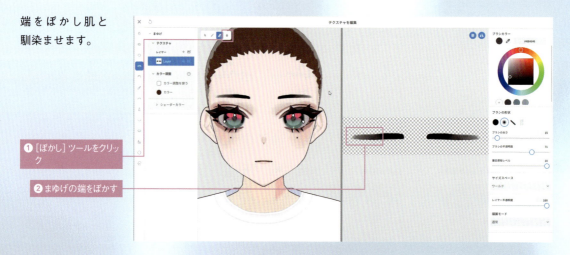

まぶたを描きこむ

下まぶたにハイライトを描き込み、艶感を出します。

① [肌]カテゴリをクリック
② [+]ボタンでレイヤーを追加
③ 白のソフトブラシでハイライトを描く

まつげを非表示にし、二重ラインの目頭側の部分をぼかし目頭の陰と馴染ませます。

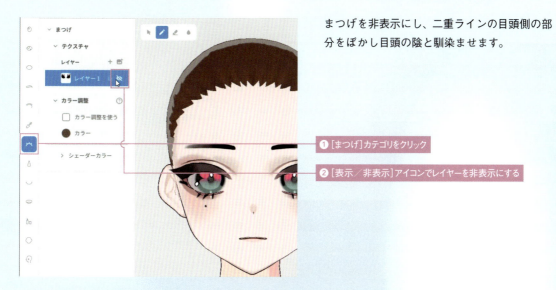

① [まつげ]カテゴリをクリック
② [表示／非表示]アイコンでレイヤーを非表示にする

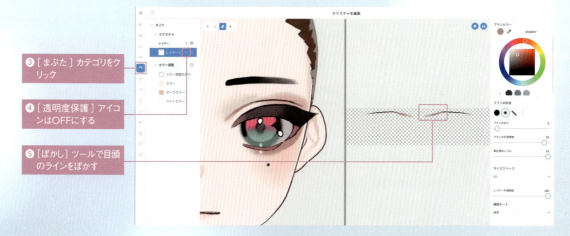

③ [まぶた]カテゴリをクリック
④ [透明度保護]アイコンはOFFにする
⑤ [ぼかし]ツールで目頭のラインをぼかす

アイラインとまつげを整える

アイラインの線が少し荒いため綺麗に引き直します。

❶ [アイライン] カテゴリをクリック

❷ 黒のソフトブラシと [消しゴム] ツールで形を整える

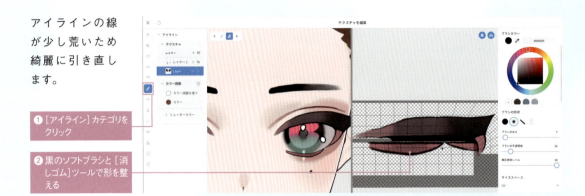

下まつげがぼやけているため消しゴムで輪郭を整えていきます。

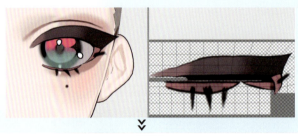

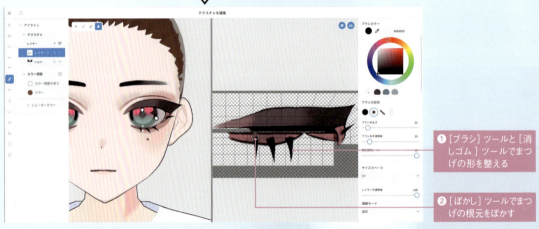

❶ [ブラシ] ツールと [消しゴム] ツールでまつげの形を整える

❷ [ぼかし] ツールでまつげの根元をぼかす

ソフトブラシでまつげのフチにハイライトをはっきりと描きこみ立体感を出します。

❶ [まつげ] カテゴリをクリック

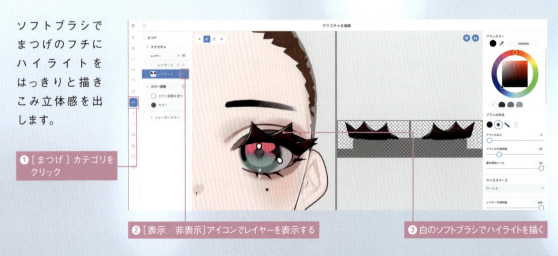

❷ [表示／非表示] アイコンでレイヤーを表示する

❸ 白のソフトブラシでハイライトを描く

Chapter 2　口と牙を作ろう

口内を描く

口の中を描きこみます。まず[表情編集]カテゴリで口を開け、口の中が見えるようにします。

❶ テクスチャ編集画面を閉じる　❷ [表情編集]カテゴリをクリック　❸ [あ(A)]をクリックして口を開く

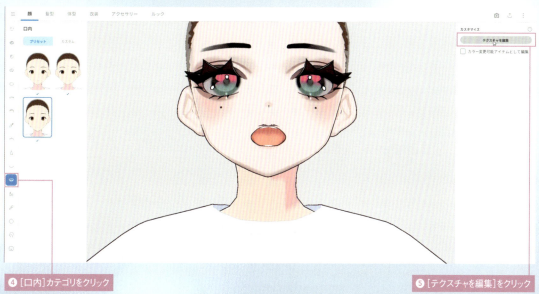

❹ [口内]カテゴリをクリック　❺ [テクスチャを編集]をクリック

歯の奥に影を描きます。

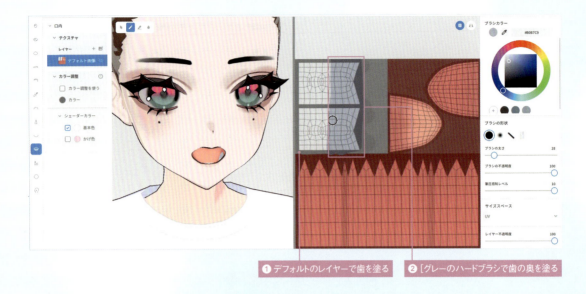

❶ デフォルトのレイヤーで歯を塗る　❷ [グレーのハードブラシで歯の奥を塗る

口の奥を黒く塗り潰し、のどの部分に赤みを入れます。

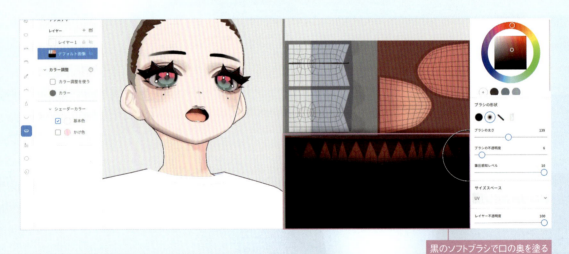

黒のソフトブラシで口の奥を塗る

舌を塗りつぶします。

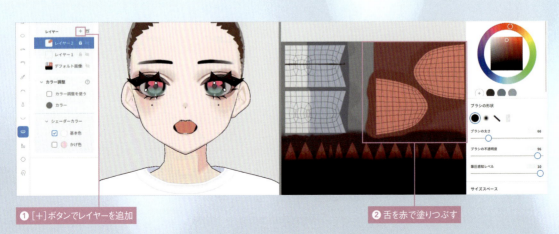

❶ [＋]ボタンでレイヤーを追加　❷ 舌を赤で塗りつぶす

舌の裏面、フチ、筋の部分を塗り立体感を出します。
影を入れた対極にハイライトを入れるとより立体感が出ます。

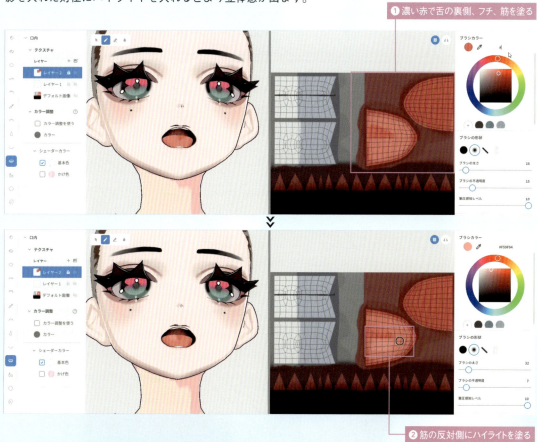

❶ 濃い赤で舌の裏側、フチ、筋を塗る

❷ 筋の反対側にハイライトを塗る

牙を作る

牙のパラメータを調整し上の歯のみ牙を追加し獣感を出します。

❶ テクスチャ編集画面を閉じる　❷ [口]カテゴリをクリック　❸ 「牙1(上顎)」84.14

Chapter 2 — 07

キャラに合った喜怒哀楽の表情を作ろう

表情調整画面を知る

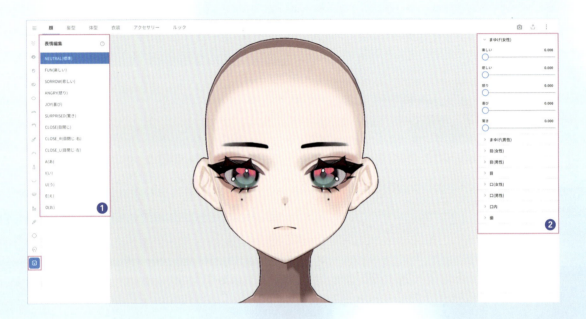

[顔]タブで[表情編集]カテゴリを選択します。
❶で編集したい表情を選択し、❷のスライダーを動かすことで表情の編集が可能です。
設定した表情は**撮影機能や、VRMエクスポート後に各種対応アプリケーションで利用することができます。**

口を開けた際に破綻しないよう調整する

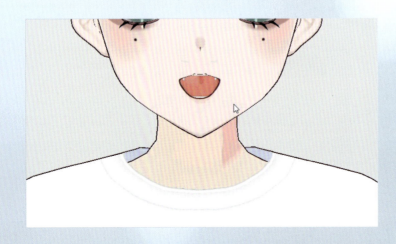

口の位置が高いと、口を大きく開けた際に歯が肌の表面に食い込んだり、アウトラインが口周りに出たりしてしまう場合があります。

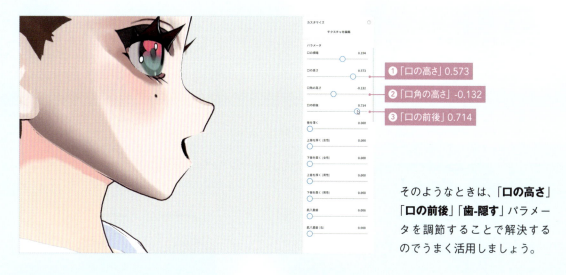

① 「口の高さ」0.573
② 「口角の高さ」-0.132
③ 「口の前後」0.714

そのようなときは、「口の高さ」「口の前後」「歯-隠す」パラメータを調節することで解決するのでうまく活用しましょう。

男女のパラメータの差異

同じ表情でも男性パラメータと女性パラメータでは形に差があります。

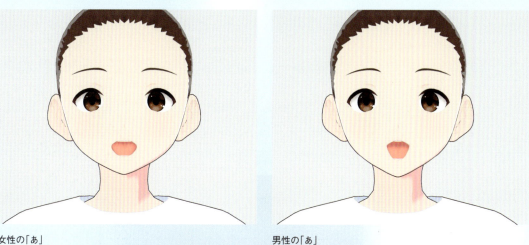

女性の「あ」　　　　　男性の「あ」

女性ベースの素体に口（男性）を適用することで「あ」の口をイラストのような造形にすることも可能です。

「口（男性）」→「あ」
74.009

表情のパラメータを混ぜる

1つの表情に対して複数のパラメータを追加することによってより魅力的な表情を作ることができます。
驚きの表情に対して【目（女性）驚き+見開く】で瞳を極端に小さくすることなく見開いた目を表現することができます。
また、【口（女性）驚き+う】で口を円形にすることができます。

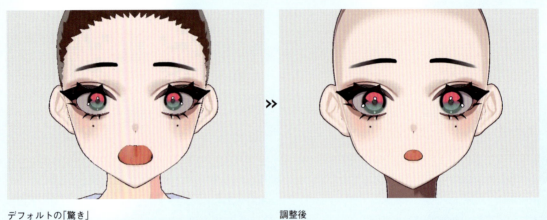

デフォルトの「驚き」　　　　　　　　　調整後

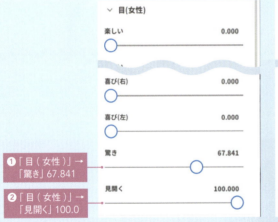

① 「目（女性）」→「驚き」67.841
② 「目（女性）」→「見開く」100.0

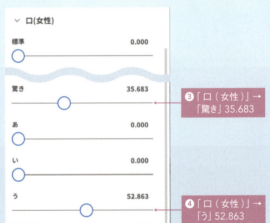

③ 「口（女性）」→「驚き」35.683
④ 「口（女性）」→「う」52.863

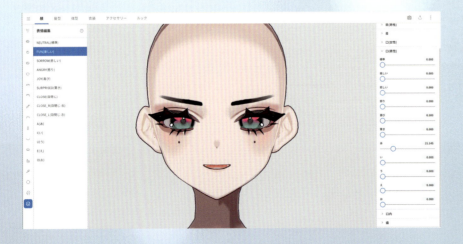

是非いろいろなパラメータを調整し、好みの表情を探してみてください。

Chapter 3

体と服を作ろう

Chapter 3

体型をキャラクターに合わせよう

「体型」タブ画面を知る

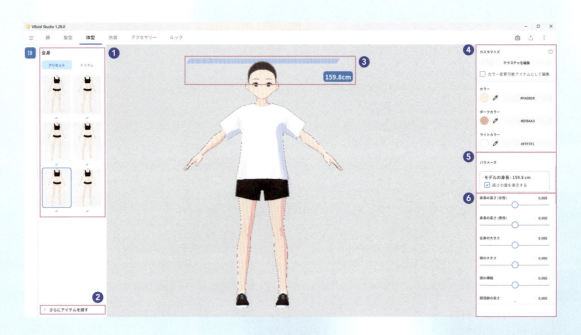

❶ 体型テクスチャプリセット

体テクスチャのプリセットです。女性用ノーマルマップと男性用ノーマルマップがあり、上図の状態では左に女性用、右に男性用が並んでいます。

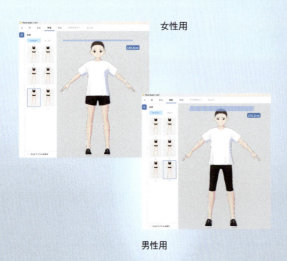

女性用

男性用

❷ さらにアイテムを探す

「BOOTH」のVRoidカテゴリから、VRoid用アイテムの閲覧と購入ができます。

❸ 身長表示

モデルの身長と高さの面が表示されています。

❹ テクスチャのカスタマイズ

ここからテクスチャ編集画面へ移動ができます。テクスチャ編集画面を開かなくてもカラー調整機能から色を変更することができます。

❺ モデルの身長表示切り替え

チェックマークで❸身長表示の表示/非表示を切り替えることができます。

❻ 体型パラメータ

各種体型の調節パラメータです。

体型のパラメータを設定する

はじめに、デフォルト体系の場合低年齢に近い体型になっているため「頭」を小さく、「首」「腕」「脚」を長くし大人体型に調整します。
次に女性らしい体型にするため「腰」を太く、「指」を細く調整します。
その際、[衣装]タブでトップスとボトムスを脱いでおくと体型が見やすくなります([衣装]タブについてはP62参照)。

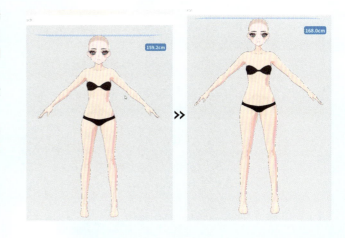

> **/ Point /**
> 「肩幅」は狭い方が女性らしく感じるかと思われますが、**ある程度広い方がスタイルが良く見え衣装映えする体型になる**ため、今回は広めに設定します。

体型調整完了時のパラメータ

頭の大きさについては髪の毛の完成時にボリュームを見て再調整を行います。

① 「モデルの身長」163.7cm
② 「全身の大きさ」-0.185
③ 「頭の大きさ」-0.27
④ 「頭の横幅」-0.132
⑤ 「首の長さ」0.696
⑥ 「首の前後幅」-84.141
⑦ 「首の横幅」-84.581
⑧ 「肩の横幅」0.423
⑨ 「胸の大きさ」0.044
⑩ 「腕の長さ」0.273
⑪ 「指の太さ」-2.0
⑫ 「手の大きさ」0.053
⑬ 「胴の長さ」0.396
⑭ 「腰の大きさ」0.767
⑮ 「脚の長さ」0.872

| Tips | バランスの良い体型 |

イラストを製作する際の体の比率は、画像のような比率にすると一般的にバランスの良い体型にすることができます。
キャラクターのイメージに合わせて微調整を行い、キャラクターの個性を出せる比率を探してみましょう。

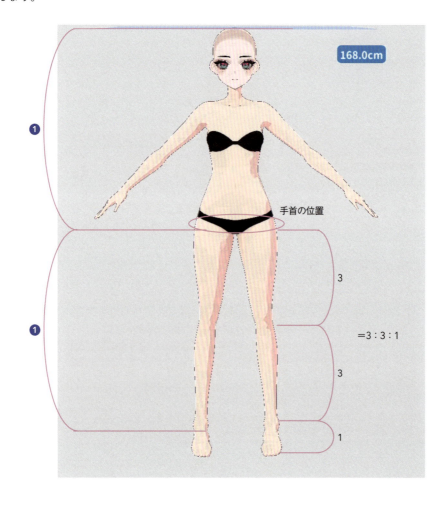

▶▶▶ **Chapter 3**

02 肌の塗りを再現しよう

肌を塗る準備

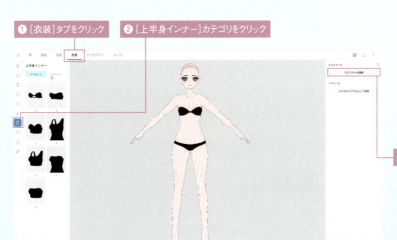

❶ [衣装]タブをクリック　❷ [上半身インナー]カテゴリをクリック

肌を塗る前に、[衣装]タブで衣服を脱がしておきます。[上半身インナー]カテゴリでテクスチャ編集画面に入り、デフォルト画像のレイヤーを非表示にします。

❸ [テクスチャを編集]ボタンをクリック

[下半身インナー]カテゴリでも同様にして衣服を非表示にしたら、[体型]タブに戻ります。

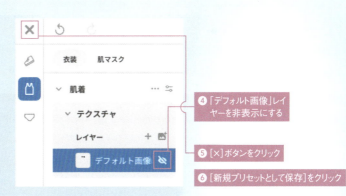

❹ 「デフォルト画像」レイヤーを非表示にする
❺ [×]ボタンをクリック
❻ [新規プリセットとして保存]をクリック

首に落ちる影

顔と同じ色で体を塗りつぶします。

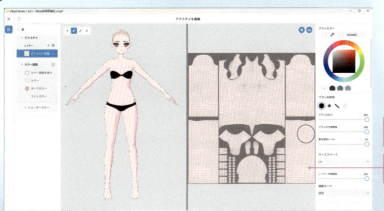

❶ 「体型」タブで「テクスチャを編集」をクリック
❷ 「デフォルト画像」レイヤーを顔と同じ肌色で塗りつぶす

ソフトブラシで濃い茶色を首に塗ります。

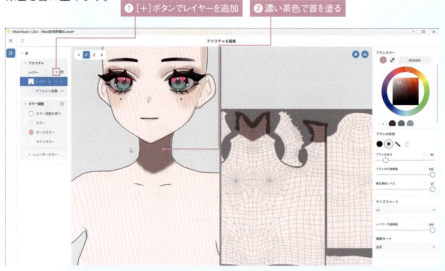

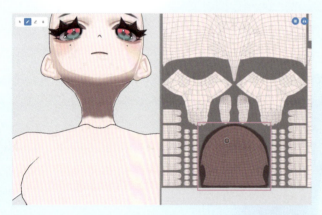

このとき、後頭部も影の色で塗っておきましょう。

上からライトが当たっていると仮定し、頭の影が落ちている体で鎖骨部分までを先ほどより薄い色をグラデーションになるよう塗ります。ソフトブラシとぼかしツールで馴染ませながら塗りつぶします。

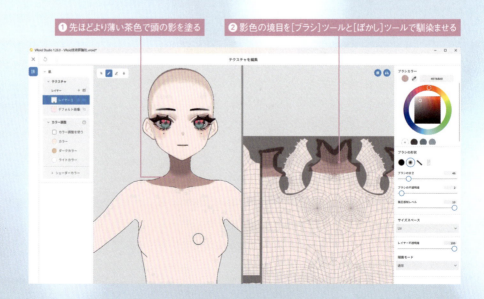

| Tips | 影に淡い色を使いすぎない |

イラスト初心者などによくある例で、明部・暗部の差が小さくぼやけたり、濁った印象になったりしてしまう場合があります。**淡い色選びは加減が難しい**ため初心者の方は乗算レイヤーを活用しながら好みの色を探してみてください。

慣れてきたら、明暗境界線や反射光などを意識していくとテクスチャの情報量が増えモデルのクオリティが上がっていきます。

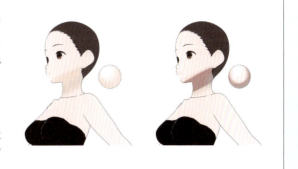

体の陰影

首と同様に上から光が当たっている状態になるよう、胸の下、わきの下、へそ、下腹部、股の下に影を描きこんでいきます。ソフトブラシで違和感が出ないようふんわりと仕上げていきます。

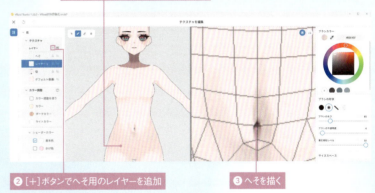

❶ ベースより濃い肌色で体の影を描く
❷ [+]ボタンでへそ用のレイヤーを追加
❸ へそを描く

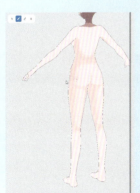

背面はウエストを強調するため若干反り腰と仮定し影を描きこみます。
お尻、ひざ裏にも影を描きこみ凹凸が分かりやすいようにしましょう。

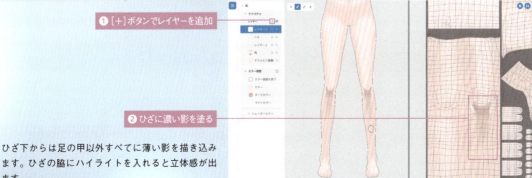

❶ [+]ボタンでレイヤーを追加
❷ ひざに濃い影を塗る

ひざ下からは足の甲以外すべてに薄い影を描き込みます。ひざの脇にハイライトを入れると立体感が出ます。

ソフトブラシでわきの下にさらに
濃い影を描き込みます。

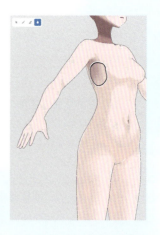

最後にシェーダーカラーで影を設定し体の完成です。
カラーコードをコピーし、顔のシェーダーカラーにも同じ影色を適用して
おきましょう。

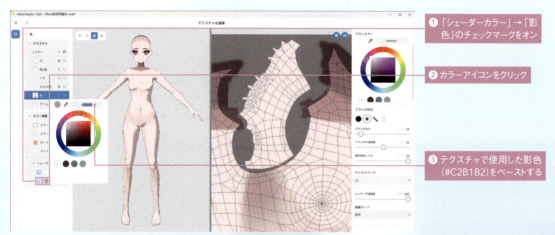

① 「シェーダーカラー」→「影色」のチェックマークをオン

② カラーアイコンをクリック

③ テクスチャで使用した影色（#C2B1B2）をペーストする

Column 3Dに適した影の描き方

イラストでは立体感を出すためにフチを影で囲っている場合がありますが、3Dでも同じようにテクスチャを影で囲ってしまうと、**動いて横を向いた際に違和感が出てしまいます。**
3Dではなるべく動いても大きな影響が出ない場所に自然な色合いで影を描くことが大切です。
シェーダーとの相性もあるので、こまめにON/OFFを切り替え確認しましょう。

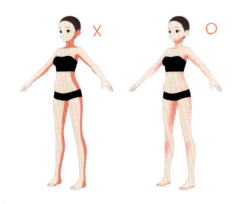

衣装の影なども服の重なりによる影は濃いめ、わきの下などの光源による影は薄めでシェーダーに頼るなど自分の絵柄に合わせ規則性を作ることでまとまり感がでます。
またテクスチャには影を描きこまず、シェーダーのみで影を表現することでマットな印象を持たせることもできます。

これらはあくまで一例なので、自分の好みの影表現を探してみてください。

ネイルを塗る

ネイルを青で塗りつぶします。
テクスチャで内側の列が足の爪、外側の列が手の爪になっています。

❶ [+]ボタンでレイヤーを追加

❷ 青で手の爪を塗りつぶす

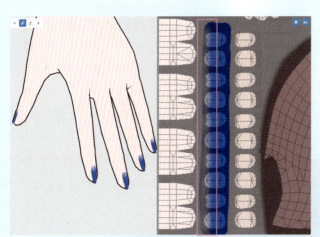

爪の根元にソフトブラシで肌と同じ色を塗ります。肌色でグラデーションにすることによって自然なネイルに仕上がります。

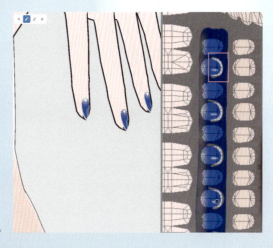

根元、指先にハイライトを描きこみ光沢をつけます。

▶▶▶ Chapter 3　服の形を作ろう

「衣装」タブ画面を知る

❶ 衣装カテゴリ

上から、
- 全身セット
- トップス
- ボトムス
- ワンピース
- 首飾り
- 腕飾り
- 上半身インナー
- 下半身インナー
- レッグウェア
- 靴

のカテゴリです。各カテゴリの衣装を組み合わせ着替えることができます。カスタムにてトップスカテゴリにワンピースの型紙を読み込むなどでワンピースとの重ね着が可能になります。
※「トップス」「ボトムス」カテゴリと「ワンピース」カテゴリは併用できません。

❷ プリセット、カスタムアイテム一覧

衣装プリセット一覧とカスタムアイテム一覧が表示されます。カスタムアイテムから、「新規作成」を選択すると各種型紙を選択できます。

「インポート」からBOOTHで購入したり自身で保存した.vroidcustomitem形式のデータの読み込みが可能です。

❸ モデル表示エリア

テクスチャが反映されたモデルが表示されるエリアです。

❹ カスタマイズ

[テクスチャを編集]を選択するとテクスチャ編集画面へ移動します。
テクスチャ編集画面はChapter2（P28）とおおまかには同じですが、名前横のパラメータ切り替えボタンをクリックすることでブラシパネルがパラメータに切り替わります。

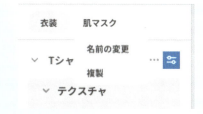

追加された「肌マスク」「テンプレートを追加する」については後述します。

❺ パラメータ

各種衣装のパラメータ調整ができます。

テクスチャを黒く塗った部分の肌が非表示になり、
白く塗った部分の肌が表示されます。

肌マスク機能を知る

テクスチャ編集画面の「肌マスク」を選択すると肌マスク編集画面に移動します。
肌マスクはモデルを動かした際、衣装を肌が突き抜けてしまうことを防ぐ機能です。身体メッシュの透明化したい部分を黒く塗りつぶしておくことで貫通を防ぐことができます。

重ね着機能を知る

重ね着機能では複数の型紙を組み合わせて1つの衣装を制作できます。

ベースとなる衣装を選択し、テクスチャ編集画面に移動します。

❶ [トップス]などのカテゴリを選択
❷ プリセットを選択
❸ [テクスチャを編集]をクリック

/ Point /

[全身セット]カテゴリでは[テクスチャを編集]ボタンが表示されません。
[トップス]などのカテゴリを選択してからテクスチャ編集画面に移動しましょう。

［テンプレートを追加する］を選択すると型紙一覧が表示されるので追加したい型紙を選択しましょう。

❶ ［テンプレートを追加する］をクリック

❷ 追加する型紙をクリック

型紙を選択すると衣装が追加され、テクスチャやパラメータの編集が可能となります。

新たに「パーカー」が追加されました。

アウターを作る

また、**一つの型紙を複製することでパラメータを維持したまま重ね着機能を活用することも可能です。**こから、ロングコート（ハイネック）を使用しアウターのラフを制作していきます。

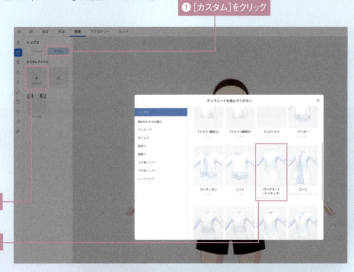

❶ ［カスタム］をクリック

❷ ［新規作成］をクリック

❸ 「ロングコート（ハイネック）」をクリック

衣装の名称が記載されている横のメニューをクリックし、［複製］を選択します。

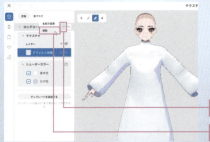

❶ ［…］ボタンをクリック

❷ ［複製］をクリック

同じ型紙が複製されるので、わかりやすく色分けをしていきます。

重ね着して内側になる方を青、外側になる方をグレーで塗りつぶしました。

色分けが完了したら形はそのままに型紙を上に被せるため、「全体を膨らませる」のパラメータを調節します。不要な部分を消しゴムツールで消し形を整えていきます。

さらに型紙を複製し、襟とフード紐のラフを描きます。
これでアウターの型紙ラフの完成です。

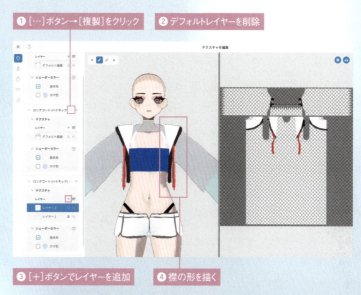

服のラフを描く

全体のバランスを見るため一旦トップス、ボトムスなどそれぞれのラフを全て作ります。
ここでシルエットが決まるので、なるべく完成に近いパラメータ調整を行いましょう。

今回の型紙の構成は下記になります。

- トップス　　ロングコート（ハイネック）×4
- ボトムス　　ロングコート（ハイネック）×4、ボディースーツ
- 靴　　ロングブーツ×2
- 上半身インナー　　ボディースーツ、肌着
- 下半身インナー　　肌着
- レッグウェア　　ボディースーツ
- 腕飾り　　ロングコート（ハイネック）、肌着

■ 型紙とラフの一覧

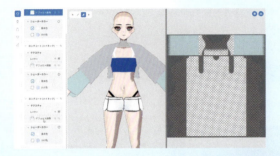

アウターの袖部分。[トップス]ロングコート（ハイネック）

アウター。[トップス]ロングコート（ハイネック）

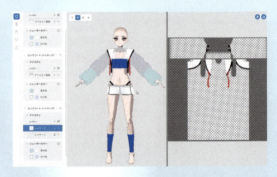

アウターの襟。[トップス]ロングコート（ハイネック）

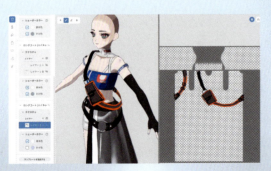

かばん。[トップス]ロングコート（ハイネック）

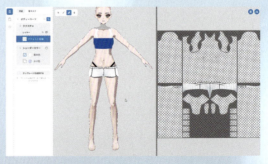

ショートパンツ。[ボトムス]ボディースーツ

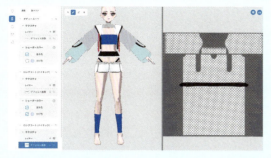
スカートのウエスト部。[ボトムス]ロングコート(ハイネック)

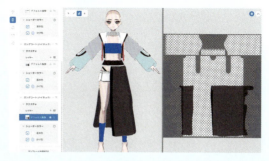
内側のスカート。[ボトムス]ロングコート(ハイネック)

外側のスカート。[ボトムス]ロングコート(ハイネック)

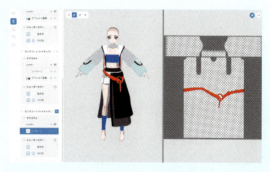
ベルト。[ボトムス]ロングコート(ハイネック)

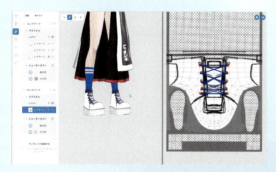
靴。[靴]ロングブーツ

靴底。[靴]ロングブーツ

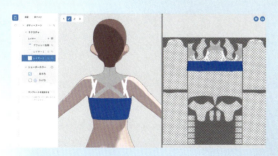
上半身インナー。[上半身インナー]ボディースーツ

インナーによる影(P75を参照)。[上半身インナー]肌着

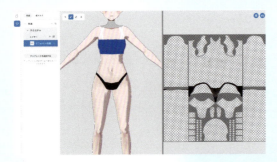
下半身インナー。[下半身インナー]肌着

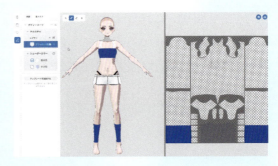
靴下。[レッグウェア]ボディースーツ

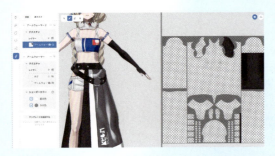
内側のアームウォーマー。[腕飾り]肌着

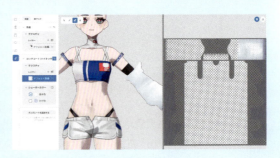
外側のアームウォーマー。[腕飾り]ロングコート(ハイネック)

Tips 貫通しにくい重ね着のコツ

下側のテクスチャ。

袖や裾などモデルが動いた際、衣装にも動きがある部位は重ね着機能を利用した際に下の型紙が表に貫通してしまう場合があります。

そういった場合、上と下の層の型紙の長さ(スカートやロングコートの裾、袖など)の**パラメータは変えず複製し、服のふくらみだけを調整してテクスチャで長さを調整する**ことで貫通を防止することができます。

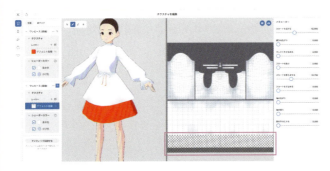
上側のテクスチャ。消しゴムで裾を一部消すことで短くしています。

Chapter 3

04

ペイントソフトを往復しながら描きこもう
[上半身インナー]

インナーの胸元を作る

胸元、肩ひも、首回りの3層でレイヤーを分けラフを描き込みます。

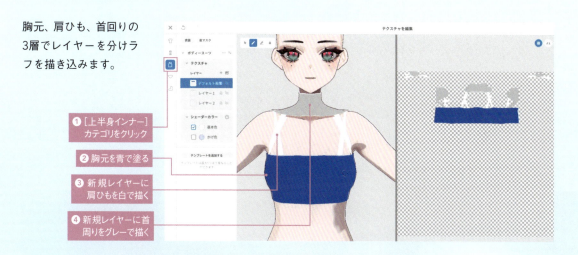

① [上半身インナー]カテゴリをクリック
② 胸元を青で塗る
③ 新規レイヤーに肩ひもを白で描く
④ 新規レイヤーに首周りをグレーで描く

胸元のラフを描いたレイヤーの透明度保護をONにし、ソフトブラシで影を描き込みます。
胸の下に薄い影、わきの下に濃い影を描き込みましょう。
次に、レイヤーを追加し白いラインを描き込みます。**胸元は体型パラメータの値によってテクスチャが歪みやすい部位**のため基本はモデルに直接描き込みましょう。

① 胸元のレイヤーの[透明度保護]アイコンをONにする
② 胸の下に薄い影を描く
③ 脇の下に濃い影を描く

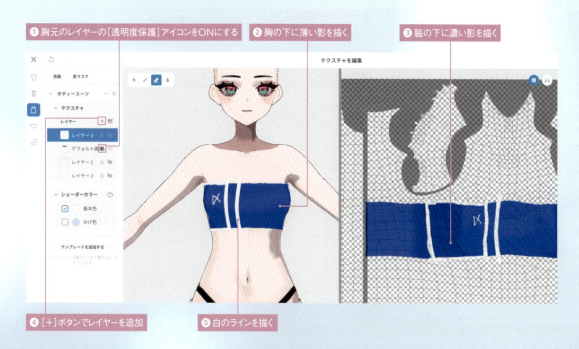

④ [+]ボタンでレイヤーを追加
⑤ 白のラインを描く

白いラインを描いたレイヤーの透明度保護をONにし、青い部位同様の場所と濃さで影を描きこみます。
その後、青いレイヤーと白いレイヤーをエクスポートし、CLIP STUDIO PAINTにインポートします。

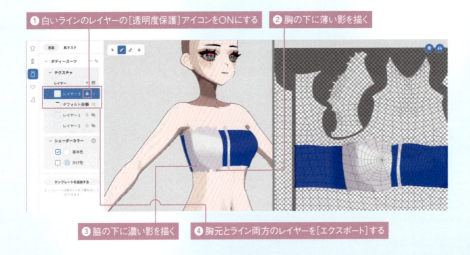

❶ 白いラインのレイヤーの[透明度保護]アイコンをONにする
❷ 胸の下に薄い影を描く
❸ 脇の下に濃い影を描く
❹ 胸元とライン両方のレイヤーを[エクスポート]する

CLIP STUDIO PAINTにインポートしたら青いレイヤーに白いレイヤーをクリッピングし結合します。
レイヤーを結合したら、Chapter2（P33）と同様にアウトラインを生成し書き出し後、VRoid Studioにインポートして胸元の完成です。

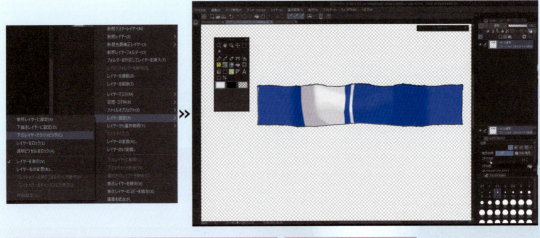

❶ ペイントソフトでクリッピング、アウトラインの生成、レイヤー結合をする
❷ png形式で画像をエクスポート

❸ VRoid Studioで[画像をインポート]をクリック
❹ ②で保存した画像を選択

肩ひもを作る

肩ひもを2枚のレイヤーに色分けをして描きこみます。

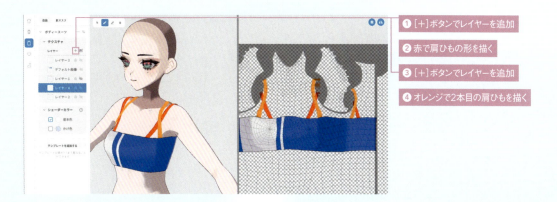

両レイヤーとも白で塗りつぶし、肩ひもが重なり合っている部分にソフトブラシで影を描きこみます。
テクスチャをエクスポートし、アウトラインを生成し肩ひもの完成です。

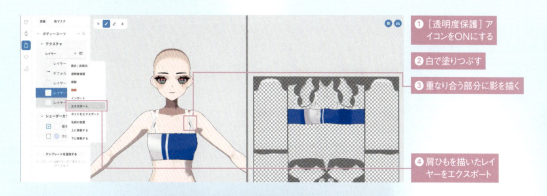

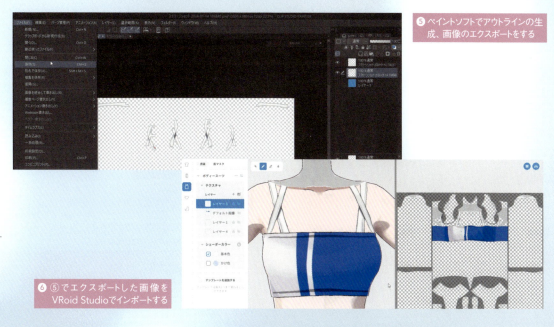

インナーの首周りを作る

首回りのレイヤーの透明度保護をONにし、白で塗り潰したあとしわと影を薄く描きこみます。

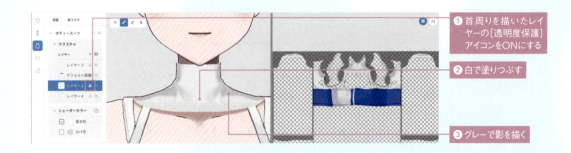

ソフトブラシで濃い影を描きこみます。
頭の落ち影を肌色に近い色でぼかしながら描きこんでいきましょう。
アウトラインを描きこみ首回りの完成です。

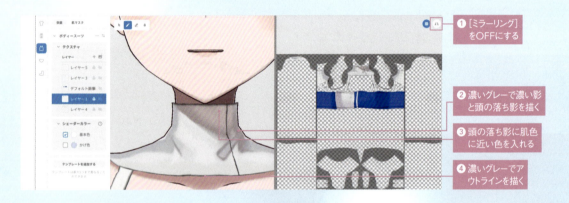

インナーの模様を入れる

ピンクのタグを新規レイヤーに描きこみます。

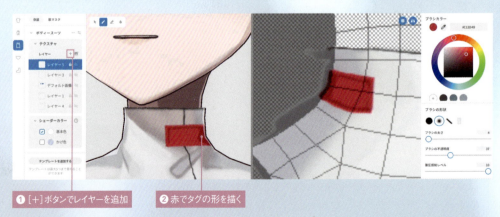

頭の影の中にあるため、ブラシの色は濃い赤に近くなります。

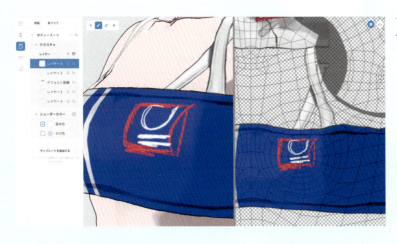

首、胸元共に歪みやすいテクスチャ部位なのでモデルに直接描きこんでいきましょう。

四角が描けたら透明度保護をONにし、白で柄を描きこんでいきます。

❶［透明度保護］アイコンをONにする

❷白で柄とボタンを描く

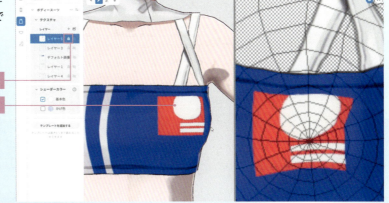

最後にエクスポートし、CLIP STUDIO PAINTなどのペイントソフトでアウトラインを生成してタグの完成です。

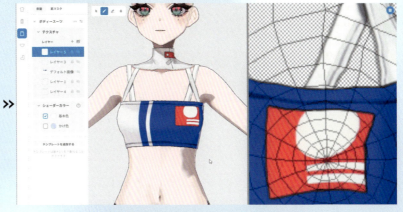

Tips　VRoidで直線を描く方法

VRoidには直線ツールがないため、現状エクスポートしたテクスチャにペイントソフトで直線を引くのがベストな方法となっています。とはいえ、体型によってテクスチャが歪んでしまう場合がありモデルに直接描きこまないとうまく形が取れない場合があります。
そういった場合は、古典的な方法になりますが**ペンタブレットや液晶タブレットに定規を当てて描くことでアバターに直線を引くことができます。**
また、Chapter7（P189）で紹介する「MouseRuler」というアプリを使えば、マウスで縦横方向の直線を引くこともできます。
困っている方は是非試してみてください。

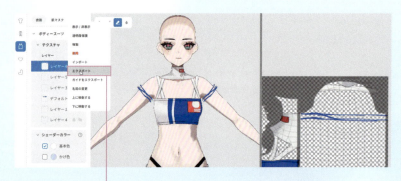

腕の根元部分から肩から落ちている肩紐のラフを描いてエクスポートします。
［ガイドをエクスポート］で、グリッド（UV）画像もエクスポートします。

① ［+］ボタンでレイヤーを追加
② 肩ひものラフを描く
③ レイヤーをクリックして［エクスポート］
④ レイヤーをクリックして［ガイドをエクスポート］

CLIP STUDIO PAINTで模様を描きこみ、PNG形式で保存します。

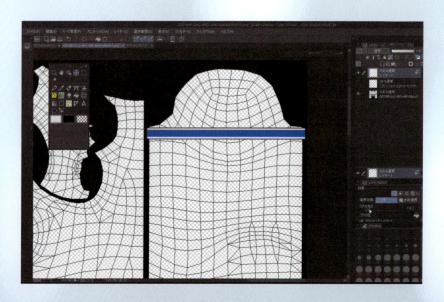

VRoid Studioにテクスチャを
インポートして、シェーダー
で影色を設定して上半身イン
ナーの完成です。

❶ レイヤーをクリックして［インポート］

❷「シェーダーカラー」→「かげ色」をグレーに設定

服による肌の影を描く

重ね着機能でベアトップ（肌着）を追加してインナーの影を描きこみます。

❶［テンプレートを追加する］をクリック

❷［上半身インナー］→［ベアトップ］を選択

❸ デフォルト画像レイヤーを削除

❹ 新規レイヤーに肌の影を描く

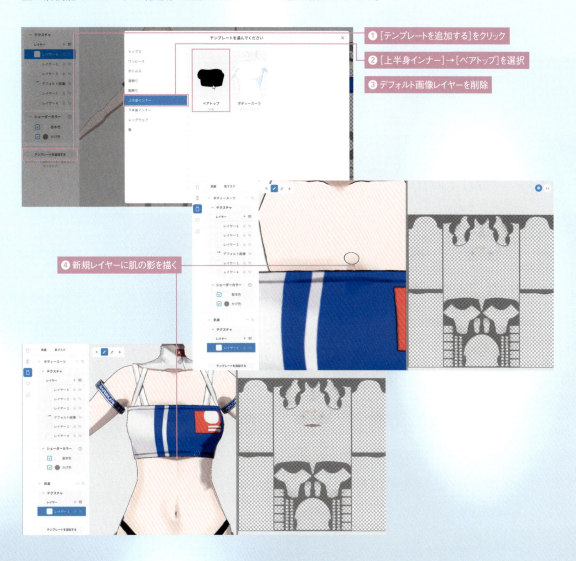

胸元、胸の下の服の隙間に影を描きこんだら、先ほど制作した上半身インナーをエクスポートし肌着にインポートします。
インポート後、透明度保護をONにして影色で塗りつぶすことで横から見た際服の下に影が表示されている状態になります。

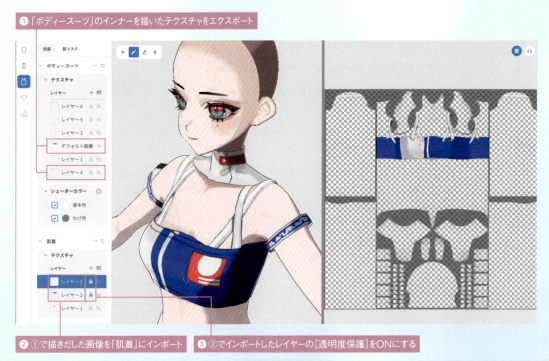

❶「ボディースーツ」のインナーを描いたテクスチャをエクスポート
❷ ❶で描きだした画像を「肌着」にインポート
❸ ❷でインポートしたレイヤーの[透明度保護]をONにする

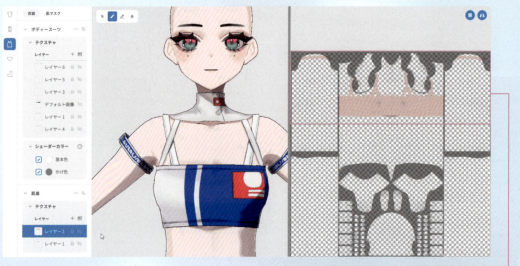

❹ 肌の影色で塗りつぶす

Point

肌着の型紙はパラメータ調整が無く、体のテクスチャに描きこむような形になります。
体型タブのテクスチャに影を描きこむこともできますが、**重ね着機能で1つの衣装として制作することで着脱がスムーズになります。**

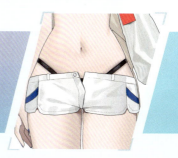

Chapter 3

ペイントソフトを往復しながら描きこもう
［下半身インナー］

肌着を作る

下半身インナーは体ラインにピッタリ沿わせたいため「肌着」で制作します。光沢のある質感にするためベースカラーで形をとった後透明度保護をONにし、フチに影を描きこみ立体感を出し、さらにグラデーションで影を重ねます。最後に光沢を描きこみましょう。
下半身インナーが完成したらレイヤーを追加し、下半身インナーの下に肌の影色を描きこみ食い込み感を出します。

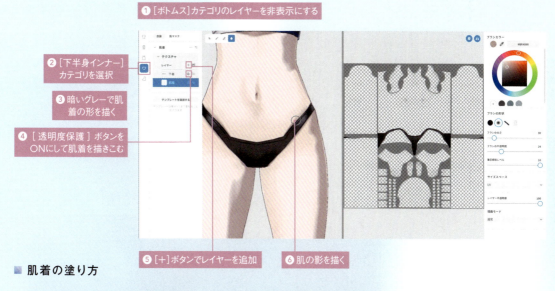

❶［ボトムス］カテゴリのレイヤーを非表示にする
❷［下半身インナー］カテゴリを選択
❸ 暗いグレーで肌着の形を描く
❹［透明度保護］ボタンをONにして肌着を描きこむ
❺［＋］ボタンでレイヤーを追加
❻ 肌の影を描く

■ 肌着の塗り方

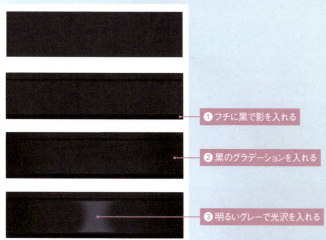

❶ フチに黒で影を入れる
❷ 黒のグラデーションを入れる
❸ 明るいグレーで光沢を入れる

ショートパンツを作る

ボトムスのカテゴリに移りバルーンパンツ(ボディースーツ)の編集を行います。
バルーンパンツの形状はショートパンツを作るパラメータにピッタリなので、そのままテクスチャを削りラフを描きましょう。

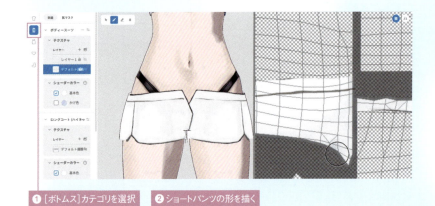

❶[ボトムス]カテゴリを選択　❷ショートパンツの形を描く

大まかな形ができたらレイヤーを追加し、乗算モードで影を描きこんでいきます。
ソフトブラシとぼかしツールを往復して描きこんでいきましょう。

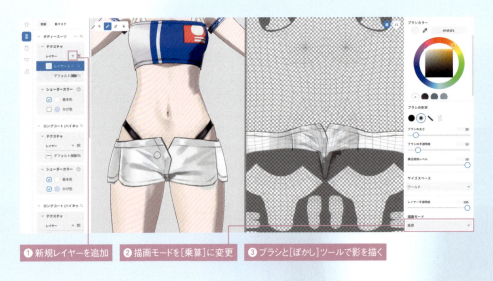

❶新規レイヤーを追加　❷描画モードを[乗算]に変更　❸ブラシと[ぼかし]ツールで影を描く

Tips 影の描き方

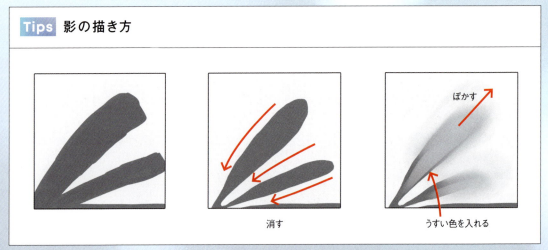

消す　　うすい色を入れる　ぼかす

青のラインを別レイヤーに描きこみ、透明度保護がONの状態で影を描きこみます。

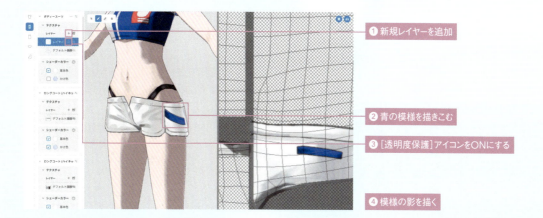

① 新規レイヤーを追加
② 青の模様を描きこむ
③ ［透明度保護］アイコンをONにする
④ 模様の影を描く

新規レイヤーにボタンとベルトひもを描き、エクスポートします。CLIP STUDIO PAINTでアウトラインをつけ、ボタンを描きこんでPNG形式で書き出します。
書き出したパーツをインポートし、ショートパンツの完成です。

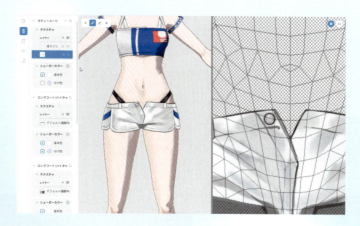

Tips 高画質で描いてから縮小する

VRoidのテクスチャ解像度は2048×2048pxと、細かいイラストを描くには小さめのサイズになっています。
そのためボタンや細かい柄を描くと潰れてしまうことがあります。
そういった場合、**一度大きいサイズか解像度を高くした状態で小さいパーツを描いて縮小することで自然なグラデーションに自動的に直される**ため、フチがやたらと太くなったり、荒いラインになったりすることを防げます。

 >>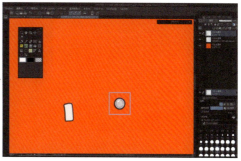

Chapter 3 （体と服を作ろう）

アームウォーマーを作る

［腕飾り］カテゴリにアームウォーマーを作ります。
カスタムアイテムの［新規追加］から「透明」を選ぶと「肌着」の型紙が追加されます。

黒いアームカバーの範囲を塗り、グラデーションをつけます。

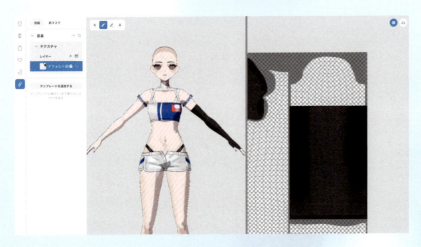

「ロングコート（ハイネック）」の型紙を追加して、アームウォーマーの形を作ります。パラメータを調整した後、左腕部分だけ残してそれ以外のテクスチャを消します。

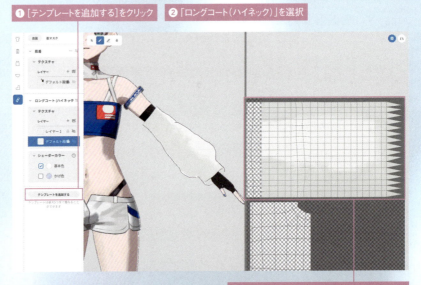

■ アームウォーマーのパラメータ

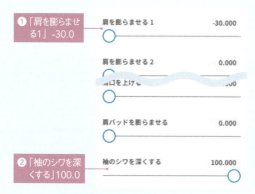
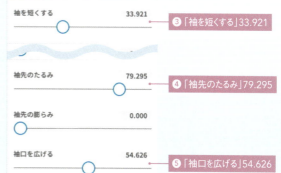

① 「肩を膨らませる1」-30.0
② 「袖のシワを深くする」100.0
③ 「袖を短くする」33.921
④ 「袖先のたるみ」79.295
⑤ 「袖口を広げる」54.626

透明度保護をONにしてシワを描きこみます。

① [+]ボタンでレイヤーを追加
② ピンクのタグを描く

新規レイヤーにピンクのタグを描いてエクスポートし、CLIP STUDIO PAINTで模様とフチを入れます。

③ 下のレイヤーにタグによる影を描く
④ タグを描いたレイヤーをクリック→[エクスポート]

⑤ 模様を描き、フチをつける
⑥ PNG形式で書き出す

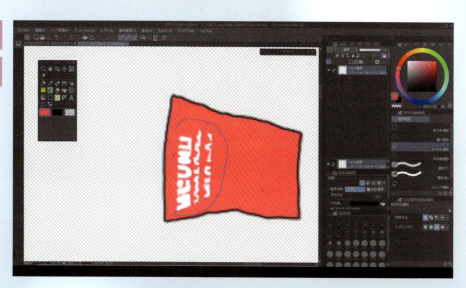

VRoid Studioにインポートしたら完成です。

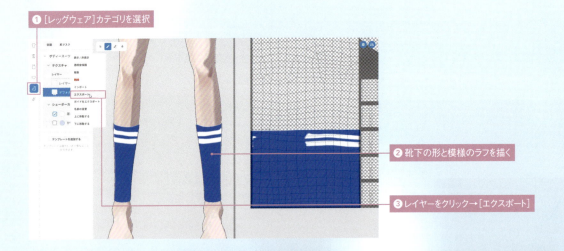

靴下のテクスチャを貼る

靴下を作るため[レッグウェア]のカテゴリに移りボディースーツの編集を行います。
おおまかなラフを描いたらエクスポートし、CLIP STUDIO PAINTに移ります。

❶ [レッグウェア]カテゴリを選択

❷ 靴下の形と模様のラフを描く

❸ レイヤーをクリック→[エクスポート]

サブツール(選択範囲)で靴下の白いラインを選択して塗りつぶします。

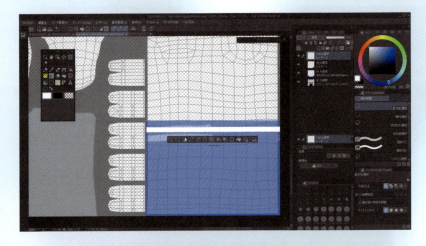

/ Point /
靴下は肌着で制作しても良いのですが、**シェーダーカラーが体テクスチャと同じ色になってしまう**ため、黒系でない限り[ボディースーツ]で制作を行った方が良いです。

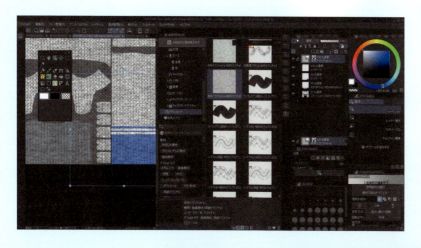

新規レイヤーのレイヤーモードを「オーバーレイ」に設定し、素材テクスチャを読み込みます。
不透明度100%だとテクスチャが少し濃いため、80〜90%程度に下げます。

テクスチャのレイヤーを靴下にクリッピングして、png形式でエクスポートします。

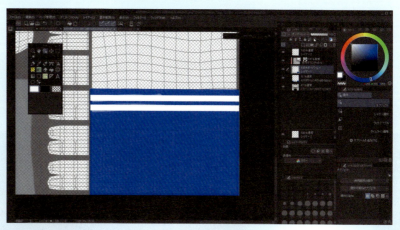

❶ [レッグウェア]の「ボディースーツ」に画像をインポート
❷ [透明度保護]アイコンをONにする
❸ 透明度を下げたソフトブラシで塗り足す

VRoid Studioでインポートします。少し目が粗く素材テクスチャの主張が強いため、下からソフトブラシでグラデーションになるよう塗り足します。

Chapter 3（体と服を作ろう）

/ Point /
ペイントソフトで入れるテクスチャは、今回ように質感を出したい時や、レースなど細かいパーツを入れたい時などに使用します。

▶▶▶ Chapter 3

06 いろいろな質感を表現しよう
[アウター]

金属を表現する

インナーと同じ手順でアウターも描きこんでいきます。テクスチャを工夫することで様々な質感を表現することができます。

[ボトムス] カテゴリで飾りベルトを描いたレイヤーをエクスポートし、CLIP STUDIO PAINTでベルトの金属を描いていきます。
ベースになるグレーを円形ツールで描きこみアウトラインを生成します。

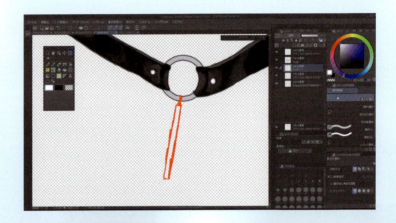

円の中央に黒線を描きこみ、乗算レイヤーで円の下側(赤斜線部分)に影を描きこみます。
上側には薄くハイライトを入れ光沢を出しましょう。

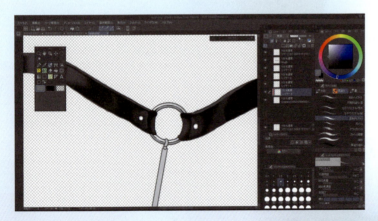

/ Point /
影とハイライトの間に黒いラインを不規則に入れることで、金属らしさを表現することができます。

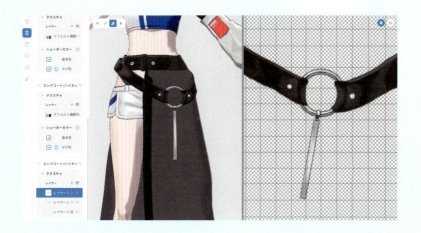

pngで形式書き出し、VRoid Studioにインポートして完成です。

透け感のある素材を作る

❶ トーン素材で透かす方法

VRoidは不透明度を下げても半透明のテクスチャは適用されないのですが、**テクスチャをトーン化することで服を透かすことが可能です。**
体型や服の重なりによってモアレが起きやすいので部分的に使うのがおすすめです。

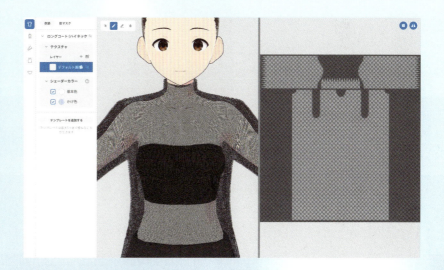

❷ 透け風テクスチャを使う方法

今回はメッシュ素材は使わず、透け風テクスチャをボトムスに適用していきます。
ロングコートで作った型紙二枚を重ねて読み込みます。
透過したい部分を単色（今回は黒）で塗りつぶして、二枚の型紙のテクスチャをエクスポートします。

❶ ［ボトムス］に「ロングコート（ハイネック）」でスカートを作る
❷「ロングコート（ハイネック）」で重なる布を作る
❸ 上側の型紙の透過したい部分を黒で塗りつぶす

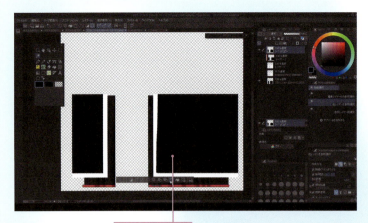

CLIP STUDIO PAINTで単色部分を選択して削除し、下の型紙のレイヤーで選択範囲外も削除します。選択範囲をグレーでバケツ塗りして、グレーのレイヤー不透明度を80〜90％程度に下げます。レイヤーを結合してpng形式でエクスポートします。

❶ 単色部分を削除

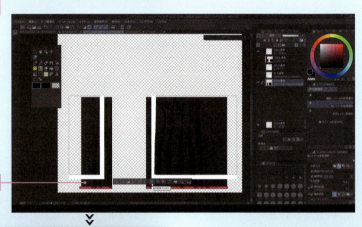

❷ 下の型紙のレイヤーで選択範囲外を削除

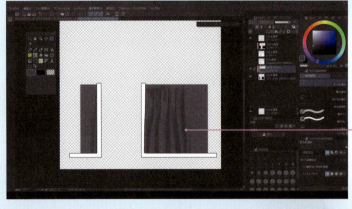

❸ 選択範囲をグレーで塗りつぶし、不透明度を下げる

❸ 白のソフトブラシと[ぼかし]ツールでハイライトを描く

エクスポートした画像を上側の型紙にインポートします。
新規レイヤーを追加し、ソフトブラシとぼかしツールを往復しハイライトを描きこみます。
これで半透明風テクスチャの完成です。

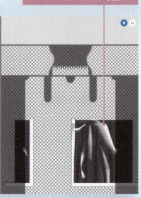

❶ 上側の型紙に画像をインポート
❷ 新規レイヤーを追加

アウタージャケットを作る

[トップス]カテゴリでアウターを制作していきます。
ラフはP64で作成しています。

水色のベースにグリーン、ピンクを重ね、ハイライトでぼかしながらアクリル感を出していきます。

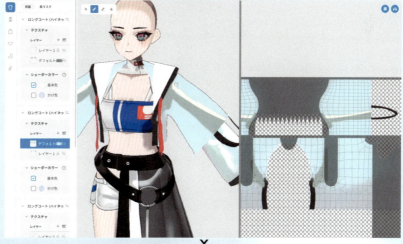

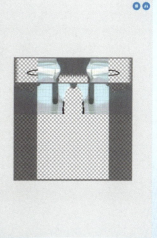

/ Point /
胴と袖の継ぎ目にハイライトを入れると立体感が出ます。

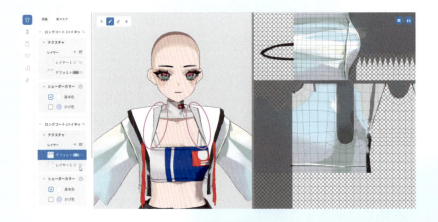

アクリル素材にしたテクスチャの襟部分をグレーに塗り、襟の折り目に見えるように描きこんでいきます。

襟にソフトブラシでハイライトを描きこみ立体感を出します。

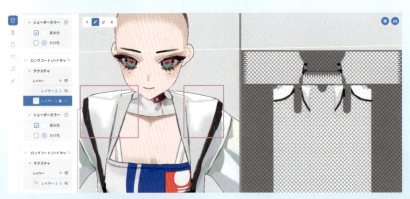

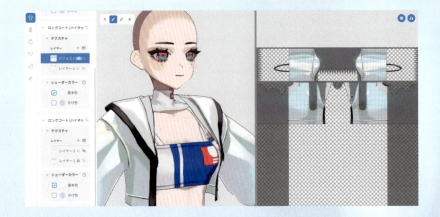

襟のフチを整え、上側にハイライトを描きこみます。

いままでの服はシェーダーカラーをグレーで設定してきましたが、アクリル素材の質感を出すためアウターは青みがかったシェーダーカラーにします。

ひも／ベルトをつける

襟にフードのひもを描きこみます。正面から描くとかなり歪んでしまうため**面を自分の方に向け、必ずサイズスペースをワールドにして描きましょう。**

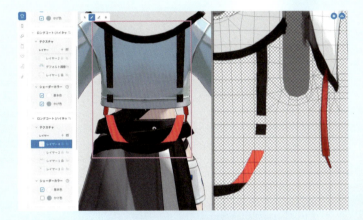

フードと同じ型紙に背面のひもを描きこみます。

金属や差し込みバックルなど、細かいパーツのみCLIP STUDIO PAINTで描きこみましょう。

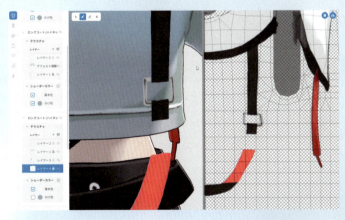
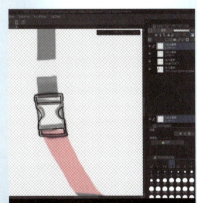

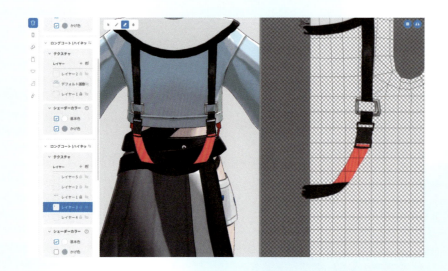

CLIP STUDIO PAINT でアウトラインを生成しておおまかには完成です。

ロゴや文字を入れる

今回は模様が特殊文字になるため、キャラクターデザインの背面資料から文字テクスチャをトレスします。好きなフォントで入力したものや、自身の持っているロゴでも工程は同じです。

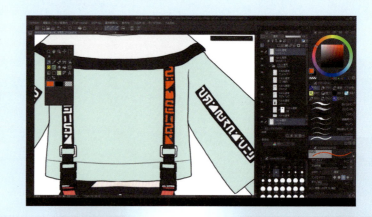

エクスポートしたベルトのテクスチャにトレスした文字をコピーし、メッシュ変形で形を合わせていきます。

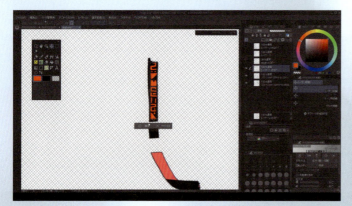
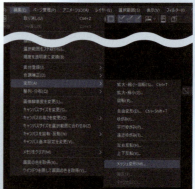

色調調整で文字を白にして、結合して画像を書き出します。

画像をインポートしてアウターの完成です。

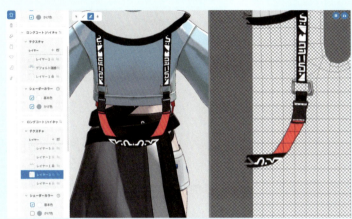

Tips 裏地の付け方

裏地を付けたい衣装を着用し、複製し同じ型紙・パラメータを2枚用意します。
トップスの「**全体を膨らませる**」**パラメータを裏地より0.1大きく設定します**。これで裏地の完成です。
ポリゴン数が気になる方は袖などの見えない部分のテクスチャを削除しましょう。

07 ▶▶▶ Chapter 3　靴を作ろう

靴のラフを作る

［衣装］タブの［靴］カテゴリでロングブーツを選択し、パラメータを調整します。

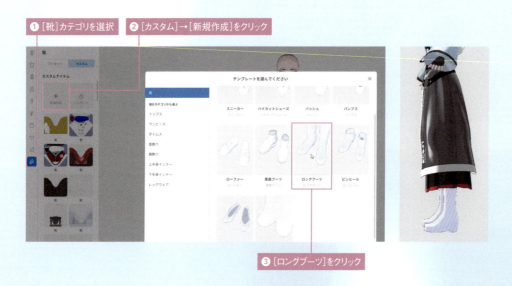

❶［靴］カテゴリを選択
❷［カスタム］→［新規作成］をクリック
❸［ロングブーツ］をクリック

テクスチャ編集画面に移動し、靴底以外のテクスチャを削除します。

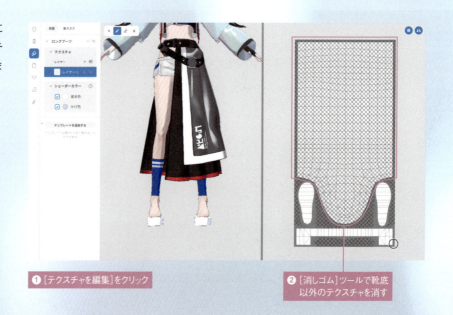

❶［テクスチャを編集］をクリック
❷［消しゴム］ツールで靴底以外のテクスチャを消す

型紙を複製し靴底以外の側面を描きこみます。

❶ […]ボタン→[複製]をクリック

❷ 新しい型紙に靴の形を描く

その後、靴底の型紙のみパラメータで膨らませ段差をつけます。

■ 靴底のパラメータ

❶「全体を膨らませる」30.837

❷「つま先を丸く」63.436

❸「靴底を厚く」300.0

❹「かかとを低く靴底を平らに」62.115

■ 側面のパラメータ

❶「全体を膨らませる」0.0

❷「つま先を丸く」48.899

❸「靴底を厚く」300.0

❹「かかとを低く靴底を平らに」100.0

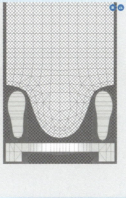

靴底の凹凸をソフトブラシで薄く描きこみます。

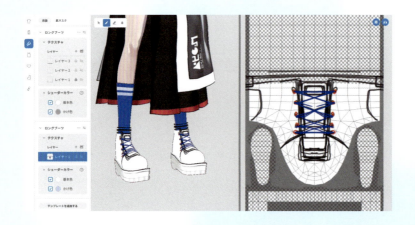

左右対称にざっくりと側面のラフを描きこみます。

靴を描きこむ

ラフを描いたテクスチャをエクスポートして、CLIP STUDIO PAINTで描きこんでいきます。
ラフを元に線画を描き、バケツ塗りをします。

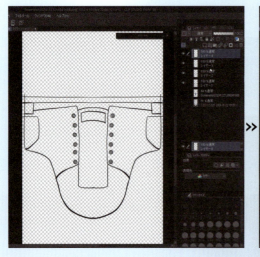
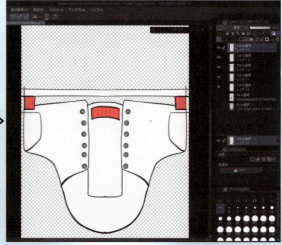

アウトライン生成を行った状態で靴ひもを描きこみます。

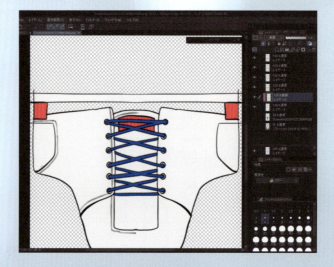

乗算レイヤーをクリッピングして、エアブラシで縫い目周りとフチに影をふんわりと描きこみます。レイヤーを結合してpng形式でエクスポートします。

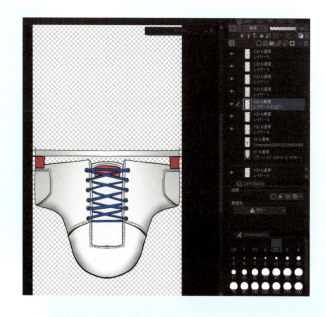

❶ 画像をインポートする

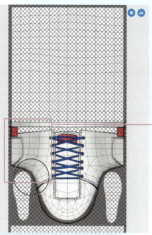

❷ グレーで側面の影をかく

エクスポートした画像をVRoid Studioにインポートして靴の完成です。

Column VRoid Studioで描くか、ペイントソフトで描くか？

VRoid Studioで描けば直感的にアバターを作ることができ、ペイントソフトで描けばVRoid Studioよりも細かな表現やたくさんのツールを使いながら制作を進めることができます。
結論から述べると描きやすい方で描くのがベストだと思います。
現状、筆者は7：3の割合でラフからしわなどの描きこみまでほとんどのテクスチャをVRoid Studioで描きこんでいます。
衣装のパーツの位置や細かな歪みなどはVRoid内で描いた方がズレが無く、細かいパーツはペイントソフトで描いて貼り付けた方が断然楽だと感じるからです。
モノづくりにおいて一番大切なのは最後まで作り、完成させることだと思うのでどちらの方が良いなどは深く考えずに直感的に躓きにくい自分で楽だと思うやり方を見つけていくのが大切だと思います。このやり方が正解、このツールが正解というのはないので自分の中で楽しく続けられる方法を探してみてください。

Chapter 4

髪型を作ろう

髪型編集の基本を知ろう

「髪型」タブを知ろう

❶ ヘアプリセットカテゴリ

上から髪セット、前髪、後ろ髪、一体髪、つけ髪、横髪、アホ毛、ハネ毛、ベースヘアーのプリセットです。一体髪は前髪、後ろ髪と組み合わせることが出来ません。

❷ ヘアプリセット

選択したカテゴリのヘアプリセットが表示されます。

❸ カスタマイズ

髪型編集画面、髪の揺れ設定画面に移動します。

❹ カラー調整

髪の毛のメインカラーとハイライトカラーの変更ができます。

髪型編集画面を知ろう

❶ 装着中カテゴリ

ここで選択されているカテゴリを編集することができます。

❷ ガイドの追加

[手描きヘアーを作る]ボタンでガイド(画面上緑のライン)を追加できます。
[プロシージャルヘアーを作る]ボタンでプロシージャルヘアーが追加されます。プロシージャルヘアーについては後述します。

❸ ヘアーリスト

髪の毛グループ、ヘアー一覧です。

❹ ツールパネル

選択ツール、ブラシ、修正ブラシ、制御点を選択できるパネルです。

❺ ガイドの移動、回転、拡大/縮小

ガイドの移動、回転、拡大/縮小をXYZ軸で編集できます。

❻ ミラーリング機能

ミラーリングのON/OFFを切り替えることができます。
ミラーリングがONの状態で描いたヘアーはその後も修正ブラシ、制御点をミラーリング状態で編集可能です。

❼ マテリアル

マテリアル一覧です。ここから髪の毛のテクスチャ編集が可能です。

❽ テクスチャパラメータ

選択中のヘアーのテクスチャの位置を編集できます。

❾ ヘアーパラメータ

選択中のヘアーの太さや断面形状の調整ができます。

❿ ガイドパラメータ

ガイドの制御点の数などの調整ができます。

ヘアーグループメニュー／ヘアーメニューを知ろう

■ 手描きグループメニュー

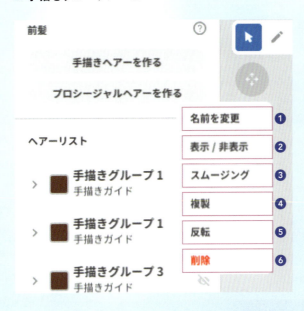

❶ 名前を変更
ヘアーグループ／ヘアーを任意の名前に変更できます。

❷ 表示／非表示
ヘアーグループ／ヘアーの表示／非表示を切り替えることができます。

❸ スムージング
ヘアーの制御点を減らすことができます。ヘアーグループに対してスムージングをすると、ヘアーグループに含まれるヘアーすべての制御点を減らすことができます。

❹ 複製
ヘアーグループ／ヘアーを複製できます。

❺ 反転
ヘアーグループではモデルの中心を軸にヘアーグループの位置を左右反転できます。
ヘアーではガイド上で左右反対の位置に移動させることができます。

❻ 削除
ヘアーグループ／ヘアーを削除できます。

■ ヘアーメニュー

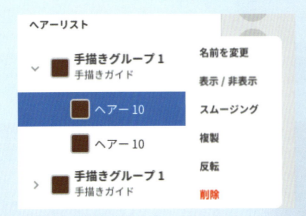

■ プロシージャルグループメニュー

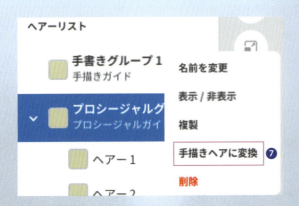

❼ 手描きヘアに変換
プロシージャルガイドを手描きガイドに変換することができます。
プロシージャルパラメータを編集することはできなくなりますが、1本ずつヘアーの制御点を操作できるようになります。

Chapter 4 02 髪の毛を描こう

手描きガイドの調整

髪型編集タブで［前髪］カテゴリを選択し、［カスタム］から「+」を選択します。
カスタムアイテムが新規作成されるのでカスタマイズから「髪型を編集」を選択して編集画面に移動します。

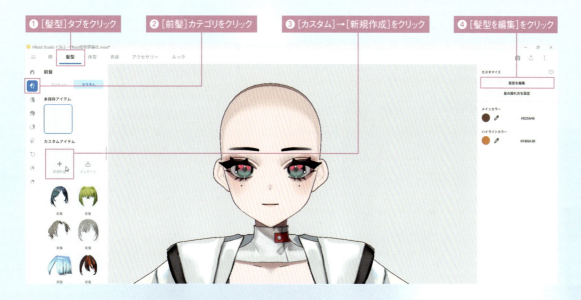

❶［髪型］タブをクリック　❷［前髪］カテゴリをクリック　❸［カスタム］→［新規作成］をクリック　❹［髪型を編集］をクリック

［手描きヘアーを作る］を選択しガイドを追加します。
ガイドを目の高さあたりで調整し、ミラーリングをONの状態で頭より一回り大きいサイズにします。
髪の毛を描いてから再調整するのでおおまかな調整で問題ありません。

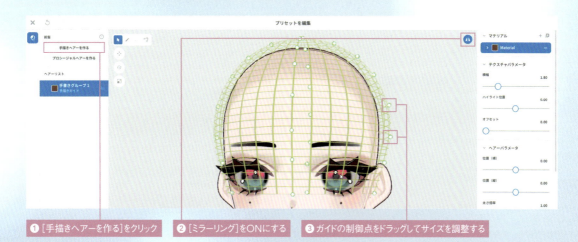

❶［手描きヘアーを作る］をクリック　❷［ミラーリング］をONにする　❸ガイドの制御点をドラッグしてサイズを調整する

ヘアーを描く

手描きグループを選択し、ブラシツールで中央の前髪を描きます。

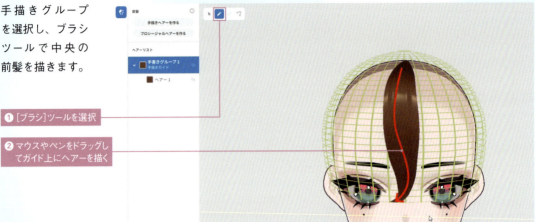

① [ブラシ]ツールを選択
② マウスやペンをドラッグしてガイド上にヘアーを描く

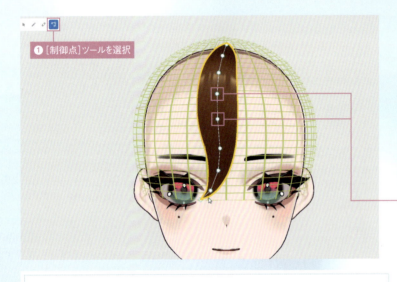

① [制御点]ツールを選択

ヘアーを描いた後、制御点ツールを選択し、がたつきを修正します。**ガイドの調整→ヘアーを描く→制御点の調整→ガイドの調整**というような流れで髪の毛を調整するので、一発で綺麗な髪の毛を描く必要はありません。

② ヘアーの制御点をドラッグして形を整える
③ ガイドの制御点をドラッグして調整する

/ Point /

髪を描いた後にガイドを調節しなおすとヘアーが歪むことがあります。これはガイドを左右前後対象にバランスよく調整しておくことで防げるので、**前髪を作っている場合でも左右、後ろのガイドの制御点に気を配りましょう。**

[ルック]タブで髪のアウトラインをパラメータ調整して表示させます。詳細はChapter6で解説します。

① [ルック]タブ→[アウトライン]をクリック
② 「髪」→「アウトラインの太さ」0.074

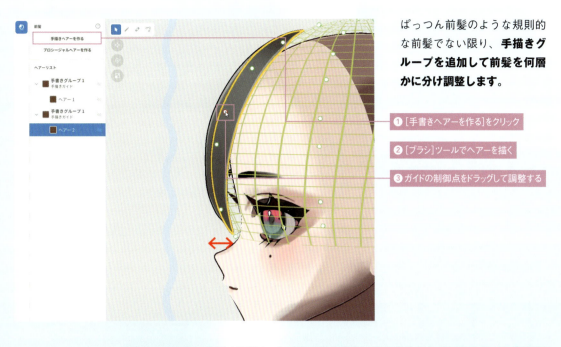

ぱっつん前髪のような規則的な前髪でない限り、**手描きグループを追加して前髪を何層かに分け調整します。**

❶ [手書きヘアーを作る]をクリック
❷ [ブラシ]ツールでヘアーを描く
❸ ガイドの制御点をドラッグして調整する

ガイドの前後の位置を調整して**ヘアー同士を食い込ませることでアウトラインの表示範囲を調整できる**ので、髪の毛に適度に厚みを付け、表示されてほしくない位置のアウトラインを埋めていきましょう。

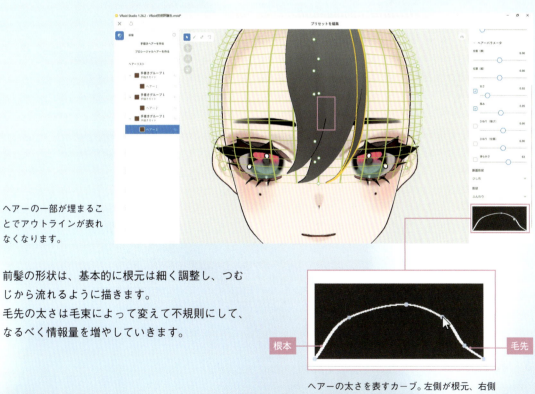

ヘアーの一部が埋まることでアウトラインが表れなくなります。

前髪の形状は、基本的に根元は細く調整し、つむじから流れるように描きます。
毛先の太さは毛束によって変えて不規則にして、なるべく情報量を増やしていきます。

ヘアーの太さを表すカーブ。左側が根元、右側が毛先です。

Chapter 4 03 髪のテクスチャを編集しよう

「髪型」のテクスチャ編集画面を知ろう

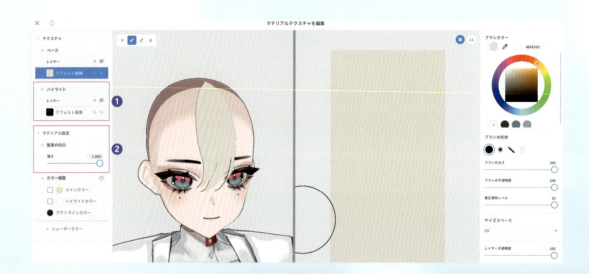

基本的には他のタブと同じテクスチャ編集画面ですが、「ハイライト」と「髪束の凹凸」が追加されています。

❶ ハイライト

マテリアルは髪全体に適用される「ベース」と、光が当たる部分の「ハイライト」の2種類に分かれていてそれぞれ別の画像をテクスチャとして使用できます。
※今回はハイライトとベースをなるべく馴染ませたいため、ベースのみ使用していきます。

❷ 髪束の凹凸

ヘアーの凹凸を調整することができます。
影を表示すると「強さ」が1.0のときに筋が入っているのがわかります。イラストのテイストによって好みに調整しましょう。

❶「強さ」0.0　　❷「強さ」1.0

テクスチャ編集モードに入る

髪型編集画面のマテリアル一覧から［Material］をクリックして展開し、［テクスチャを編集］ボタンからテクスチャ編集画面に入ります。
新たなマテリアルを作成するときは、［＋］ボタンで新規作成するか、［複製］ボタンでマテリアルを複製します。

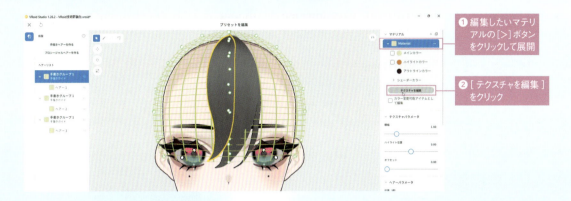

❶ 編集したいマテリアルの［＞］ボタンをクリックして展開

❷ ［テクスチャを編集］をクリック

マテリアル数を削減する描き方

1種類のマテリアルですべての髪を作ることも可能ですが、前髪はなるべく一束ごとにマテリアルを作ることでクオリティをあげることができます。
ですが、マテリアルが増えすぎるとデータが重くなってしまうため、**1枚のマテリアルに2〜4種類のテクスチャを描いていきます。**

CLIP STUDIO PAINTでVRoidの髪のテクスチャと同じ横512×縦1024pxの画像を作ります。
横3等分に塗り分けて、レイヤーを分けてそれぞれをpng形式で書き出します。

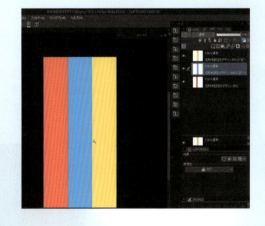

マテリアルのテクスチャ編集画面でレイヤーを3枚追加し、先ほど書き出した画像をインポートします。

❶ 「ベース」にレイヤーを3枚追加

❷ 1つのレイヤーにつき1色の画像をインポートする

テクスチャパラメータの「横幅」と「オフセット」で分割したテクスチャの幅と位置を合わせて、1本の髪が1色に見えるよう調整します。

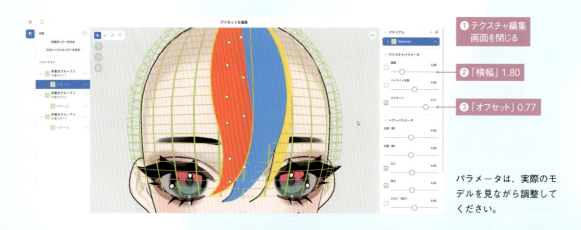

① テクスチャ編集画面を閉じる
② 「横幅」1.80
③ 「オフセット」0.77

パラメータは、実際のモデルを見ながら調整してください。

位置が合ったら［透明度保護］をONにして髪テクスチャを描きこみます。フチに影色を入れると立体感がでます。

① 塗りたいヘアーの［透明度保護］アイコンをONにする
② ベース色で塗りつぶし、影を塗る
③ ハイライト用のレイヤーを追加する
④ ハイライトを描く

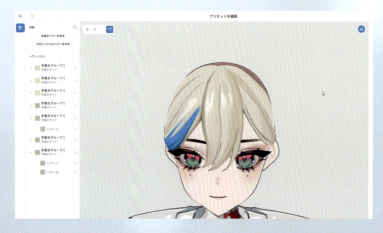

以上の要領で「手書きグループの追加」→「ヘアーを描く」→「マテリアルの作成」を繰り返し、前髪全体を作ります。

テクスチャの一部を青く塗ることで青のメッシュを入れることができます。

Tips 半円ハイライトの髪テクスチャの作り方

軽く弧を描くようにハイライトを描くと、簡単に半円のハイライトを作ることができます。
全体のハイライトの位置を合わせるより前髪だけ半円ハイライトにするほうが工数も少なくまとまりが良くなるので、是非試してみてください。

全体のハイライトの位置を合わせた場合

弧を描くようにハイライトを描いた場合

Tips 板ポリを使って前髪を作る

「断面形状」に[直線(板ポリゴン)]を選択することで、特殊な形状の前髪や細かい描きこみの前髪を作ることができます。

「断面形状」で[直線(板ポリゴン)]を選択

形状カーブで太さを一定にする

Chapter 4 かきあげ前髪と横髪を作ろう

かきあげ前髪を作る

新規手書きグループで、ガイドの中央の制御点を頭部に埋まるまで下げます。
下げた部分が前髪の生え際あたりに来るよう前に移動させ、かき上げ前髪の生え際を調整しましょう。

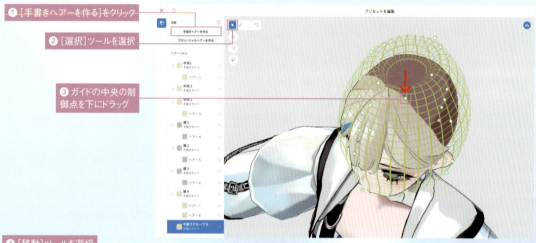

❶ [手書きヘアーを作る]をクリック
❷ [選択]ツールを選択
❸ ガイドの中央の制御点を下にドラッグ

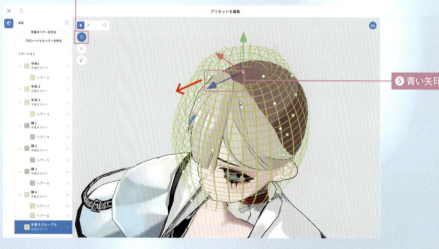

❹ [移動]ツールを選択
❺ 青い矢印をクリックしてドラッグ

/ Point /
ヘアーを選択している状態では[移動]ツールを選択できません。ヘアーリストで動かしたい「手書きグループ」をクリックして選択すると移動できるようになります。

ミラーリングをONにして根元から髪を描きます。根元から髪が折れる頂点までを制御点2つで繋ぐとまっすぐ綺麗な立ち上がりになります。

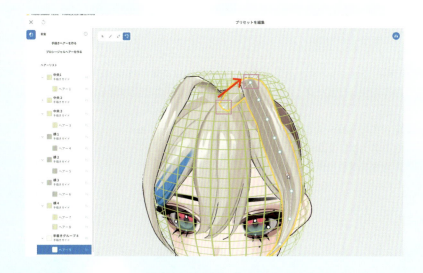

ミラーリング機能で髪の位置は左右対称になりますが、**テクスチャは反転されません**。片方に描きこんだらCLIP STUDIO PAINTで反転してインポートします。

最後に、新しく手描きグループを追加してかき上げ前髪の隙間を髪の毛で埋めます。厚みを付けて形状を隙間に合わせましょう。

横髪を作る

[横髪]カテゴリがありますが前髪／後ろ髪／付け髪の3つにヘアーをまとめて、他のカテゴリでアクセサリー類を制作した方がまとまりが良いため、前髪カテゴリに横髪を作っていきます。

顔の周りに描いた顔影が見えなくなるよう横髪で囲んでいきます。
耳前まで横髪を作りましょう。

身体の前に来る横髪は、前から見たとき平面に見えるようガイドの幅を広げ、毛先にかけて斜めになるよう前に出し調整します。

Tips 細かい毛束のテクニック

横髪のグループを複製し、細く調整します。根元から一本生えているイメージではなく一段階太い髪の毛の中間から毛先の手前にかけて生えているようにガイドを調整しましょう。

こういった細い髪を作ることで髪の毛の情報量が増えクオリティアップに繋がります。
近い位置のヘアーはグループを複製することで効率よく作ることができます。

Chapter 4 後ろ髪を作ろう

プロシージャルヘアーの活用

左上のメニューから［プロシージャルヘアーを作る］を選択すると、プロシージャルヘアーグループが生成されヘアーが追加されます。
プロシージャルヘアーはパラメータからグループ内のヘアーの一括編集が可能なので、後ろ髪やロングヘアなど1本ずつ描くのが手間なときに活用しましょう。

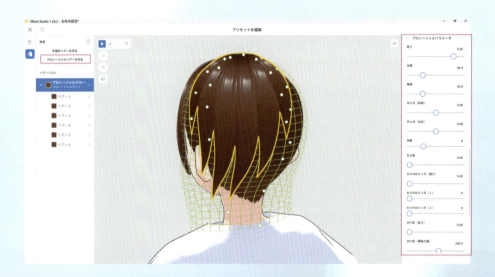

頭のシルエットを決める

モデルの頭部に沿って後ろ頭の髪の毛を描いていくとボリューム感の少ないペタっとした印象のヘアスタイリングになりやすいため、**顔の半分から上に球体が埋まっているようなイメージ**で後頭部を作っていきます。

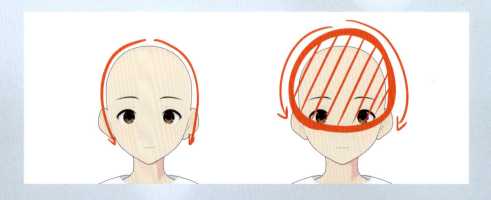

髪の毛の根元を
太く設定し、ヘ
アーに厚みをつけ
頭のシルエットに
なるヘアーを作っ
ていきます。

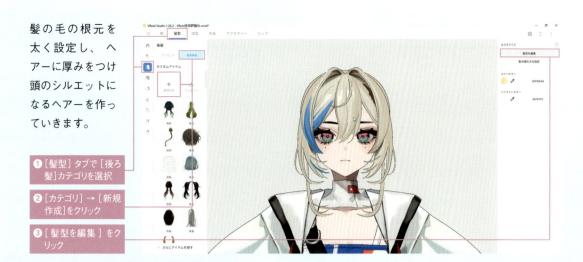

❶ [髪型] タブで [後ろ髪] カテゴリを選択

❷ [カテゴリ] → [新規作成] をクリック

❸ [髪型を編集] をクリック

❹ [手描きヘアーを作る] をクリック

❺ [ミラーリング] をONにする

❻ ヘアーを描く

❼ 髪の形状カーブで根元の制御点を上にドラッグ

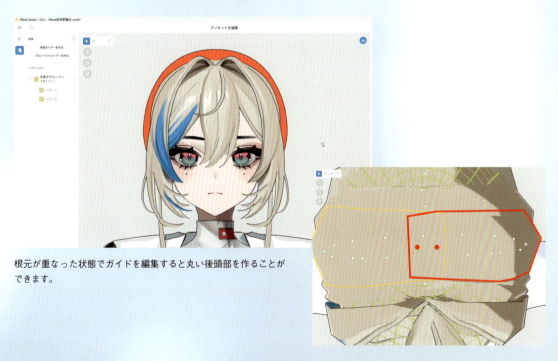

根元が重なった状態でガイドを編集すると丸い後頭部を作ることができます。

Chapter 4（髪型を作ろう）

インナーカラーにする

先ほど作った厚い髪に差し込んでいくようなイメージでショートヘアを作ります。

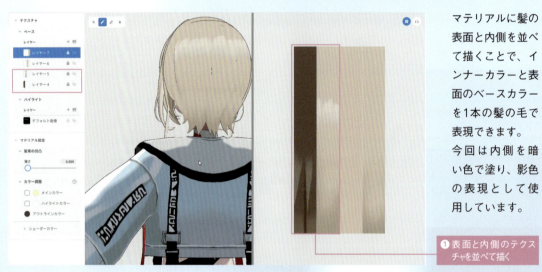

マテリアルに髪の表面と内側を並べて描くことで、インナーカラーと表面のベースカラーを1本の髪の毛で表現できます。
今回は内側を暗い色で塗り、影色の表現として使用しています。

❶ 表面と内側のテクスチャを並べて描く

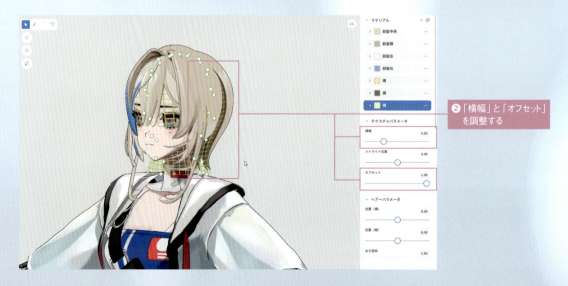

❷「横幅」と「オフセット」を調整する

ベースヘアの編集

初期状態では前髪にベースヘアが食い込んでいるので、前方のテクスチャを消し、[透明度保護]をONにして髪のカラーに合わせ塗りつぶします。

❶ [髪型]タブで[ベースヘア]カテゴリを選択
❷ [テクスチャを編集]をクリック
❸ 前方のテクスチャを消す
❹ [透明度保護]をONにして髪と同じ色で塗りつぶす

襟足部分を後ろ髪のインナーカラーと同じ色で塗ります。襟足の色を合わせることで、下から覗き込んだ際の違和感を少なくできます。

Chapter 4 つけ髪を作ろう

ベースのおだんごを作る

つけ髪カテゴリを追加し、ガイドを頭から離れた場所に移動させ球体のような形に調整します。

① [髪型]タブで[つけ髪]カテゴリを選択

② [カスタム]→[新規作成]→[髪型を編集]をクリック

③ [手描きヘアーを作る]をクリック

④ [移動]ツールで体から離す

⑤ 制御点を移動してガイドを球体にする

[移動][回転][拡大／縮小]ツールを使用して、おだんごを装着したい位置とサイズに調整します。

/ Point /
ガイドの中央（頭頂部にあたる部分）がおだんごの先端に来るようにします。

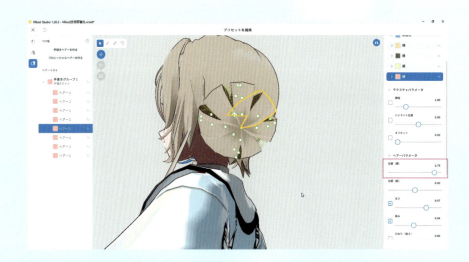

ガイドに沿ってヘアーを描いていきます。プロシージャルヘアーや、ヘアーを複製し「位置（横）」で移動させておだんご状にしていきます。

おだんごに遊び毛をつける

グループを複製してヘアーを削除します。複製したグループを一回り大きく拡大しベースのおだんごに巻き付けるようにヘアーを描きます。見えにくい位置に毛先と根元がくるように調整しヘアーを一周させます。

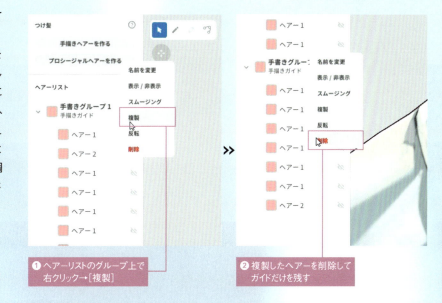

❶ ヘアーリストのグループ上で右クリック→[複製]

❷ 複製したヘアーを削除してガイドだけを残す

❸ ガイドの制御点を動かして拡大する

❹ 巻きつけるようにヘアーを描く

体に平行なガイドを追加して、細い毛束を描きこみます。

グループを複製し反転させます。

❶ ヘアーグループ上で右クリック→[複製]

❷ 複製したグループ上で右クリック→[反転]

お団子のグループと、お団子に巻き付いているヘアーのグループの両方を複製、反転します。

ポニーテールリングを作る

手描きグループを追加し、チェーンがおだんごに食い込む位置にくるように描きます。

チェーンやリングを描くときは、髪の形状カーブで太さを一定にします。

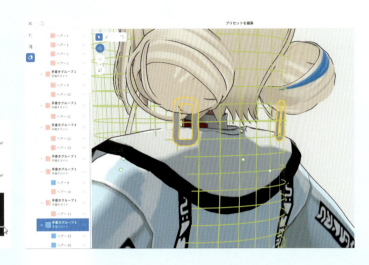

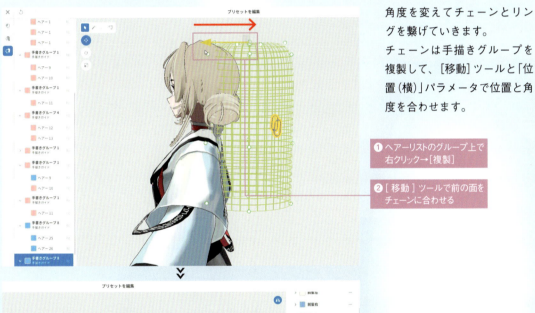

角度を変えてチェーンとリングを繋げていきます。
チェーンは手描きグループを複製して、[移動]ツールと「位置(横)」パラメータで位置と角度を合わせます。

❶ ヘアーリストのグループ上で右クリック→[複製]

❷ [移動]ツールで前の面をチェーンに合わせる

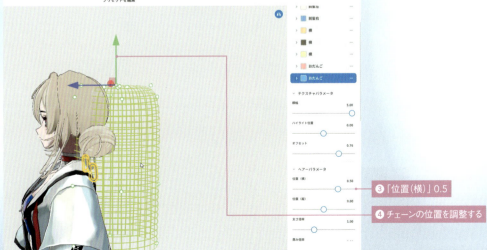

❸ 「位置(横)」0.5

❹ チェーンの位置を調整する

手書きグループを追加して、リングも描きます。

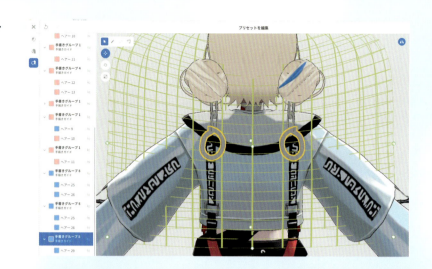

P84と同じ流れで金属の質感を描きこんでいきます。

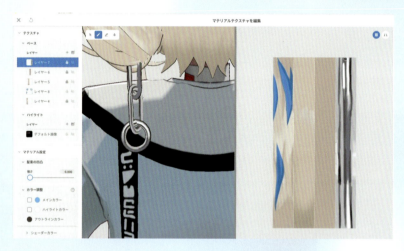

三つ編みを作る

手描きグループを追加してガイドを広げ、矢印の流れに沿って三つ編みのヘアーを描きこんでいきます。
髪の形状カーブで根元が丸くなるよう調整します。

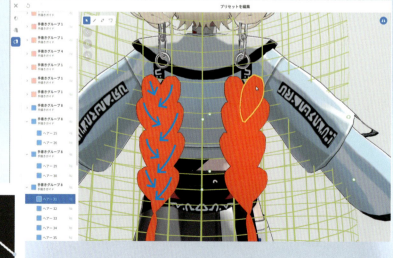

手描きグループを追加し、ガイドの横幅を細くして三つ編みの網目の中央にガイドがくるよう調整し、チェーンと三つ編みを繋げます。

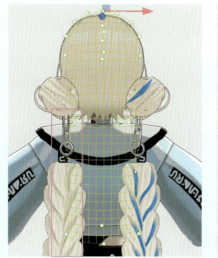

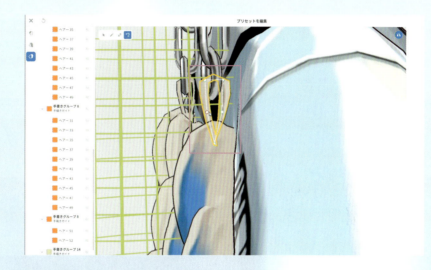

ヘアーパラメータで［厚み倍率］の値を下げてペラペラにしたヘアーにひねりを加えることで、動きのあるほつれ毛を表現します。

❶「厚み倍率」0.01
❷「ひねり(強さ)」0.67

[前髪] カテゴリを選択し、先ほど描いたチェーンのマテリアルでヘアピンを描きます。

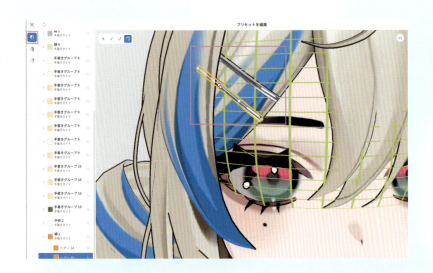

テクスチャ編集画面または「マテリアル一覧」からかげ色を設定して髪の毛の影を表示し、造形はこれで完成です。

各マテリアルに同じかげ色を設定していきます。

■ 完成した髪型

Chapter 4 ボーンを入れよう

「髪の揺れ設定」画面を知ろう

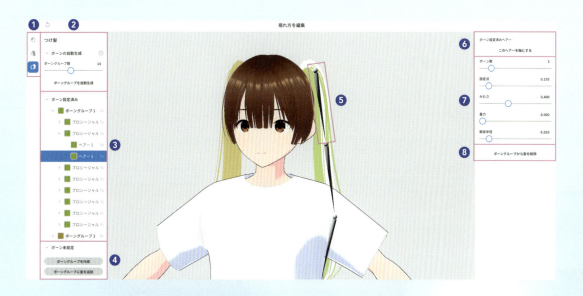

❶ 装着中カテゴリ

ここで装着されているカテゴリのボーンを編集することができます。

❷ ボーンの自動生成

選択中のカテゴリに設定した数のボーングループ数でボーングループを自動生成することができます。

❸ ボーン設定済みヘアー一覧

ボーンが入っているヘアー一覧です。
名称の横の色で設定済みの髪が表示されます。

❹ ボーン未設定ヘアー一覧

ボーンを入れていないヘアー一覧です。
任意の未設定ヘアーを選択して「ボーングループを作成」をクリックするとボーングループが生成されます。
任意の未設定ヘアーと髪を追加したいボーングループを選択した状態で「ボーングループに髪を追加」をクリックすることで作成済みのボーングループにヘアーを追加することができます。

❺ ボーン

ヘアーに入っているボーンです。

❻ グループの中央に軸を移動／このヘアーを軸にする

グループを選択している場合そのグループの中央にボーン軸を移動できます。
ヘアーを選択した場合、ヘアーの形状に沿ってボーン軸が入ります。

❼ ボーンパラメータ

ボーン数	値が大きいほど可動箇所が多くなります。
固定点	ボーンの根元の位置を調節できます。
かたさ	値を大きくすると硬い動きになります。
重力	値が大きいほど髪に重力がかかります。
衝突判定	値が大きいほど衝突判定が大きくなります。貫通を防ぐことができます。

❽ ボーンの削除

ボーンを削除できます。

髪の毛にボーンを入れる

VRoid Studioで編集できるボーンは、モデルが動いた際や風の影響で髪の毛を揺れ動くようにするためのものです。ボーンとボーンの間が関節になっており、関節部分で髪が折れ曲がります。
ボーンが多いほど柔らかく動きますが描画負荷も大きくなります。

中央の前髪を選択し、[ボーングループを作成]を選択します。

❶[髪型]タブで[髪の揺れ方を設定]をクリック

❷[前髪]カテゴリを選択
❸ヘアーグループを選択
❹[ボーングループを作成]をクリック

❶「ボーン数」2
❷「固定点」0.650
❸「かたさ」0.488

前髪はボーン数を少なく、固定点の位置を毛先に設定し、あまり大きく動かない設定にします。

同様にして、髪束ごとにボーンを設定していきます。
顔周りはなるべく下の方に固定点を配置し、ボーン数は2〜4本に収めて作成します。

透明な髪の毛の活用

後ろ髪やつけ髪など長く重い髪の毛には重力を設定します。
しかし髪の流れに沿ってボーンがカーブしている状態で重力を設定してしまうと重みでカーブがとれてしまいます。

このようなときは、**まっすぐ下に流れるヘアーを作成し、そのヘアーを軸にボーンを生成していきます。**

髪型編集画面に移動し、ボーンを入れたい位置にヘアーを描きます。今回は三つ編みをひとかたまりで揺らすためのヘアーを描きます。

テクスチャを削除し、ボーン用のヘアーは見えないようにしましょう。

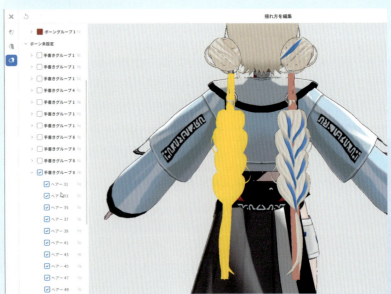

ボーン設定画面で透明のヘアーを含めた三つ編み、チェーンを選択しボーングループを生成します。

透明のヘアーを選択し[このヘアーを軸にする]ボタンで軸に設定します。この状態でボーン設定を行えば歪むことなく重力を設定できます。

▶▶▶ Chapter 4 08 髪の毛に合わせて全身を調整しよう

体型パラメータの調整

髪の毛で頭のサイズ感にボリュームが出たので、[体型]タブで「頭の大きさ」を調整し直します。

前髪の影を描く

[顔]タブの[フェイスペイント]カテゴリでテクスチャ編集画面に入り、髪の毛の影を新規レイヤーに描きこみます。

Tips 髪を使った前髪影の作り方

フェイスペイントに髪の影を描きこむ場合、**目をつむると影テクスチャが伸びてしまうことがあります。**
そのようなとき、髪の毛で髪の影を代用することが可能です。

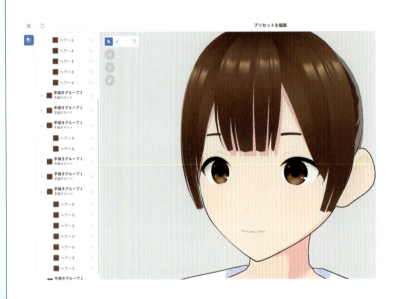

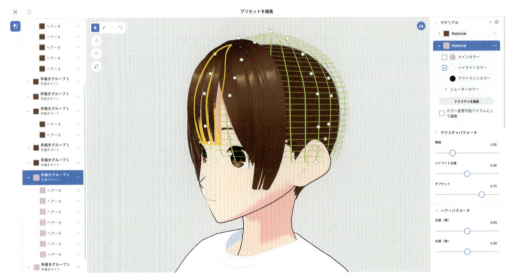

前髪のグループを複製し、マテリアルの色を影色に合わせます。
厚みの値を最小にし、おでこギリギリの位置までガイドを後退させ少し下に下げます。
[顔]タブの[まゆげ]カテゴリで「まゆげの前後」パラメータを調整し、上(外側)から前髪、眉毛、影用髪の順番にすると違和感が出にくいです。
アウトラインを表示している髪の場合や髪が目にかかっている場合違和感が出てしまうこともあるので、場合によって使い分けてください。

chapter 5

アクセサリーを付けよう

Chapter 5 01 ケモミミをつけよう

［アクセサリー］タブ画面を知ろう

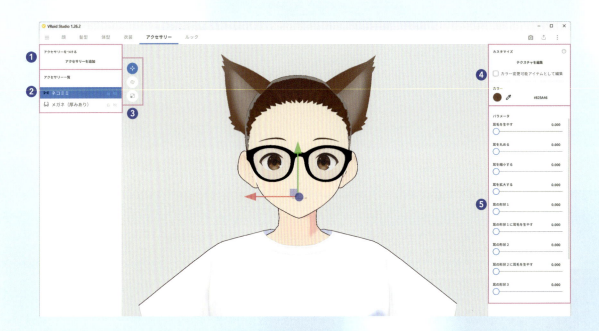

❶ アクセサリーをつける

「アクセサリーを追加」を選択するとアクセサリーリストが表示され、つけたいアクセサリーを選択するとモデルにアクセサリーを装着することができます。アクセサリーは複数重ね付けが可能です。

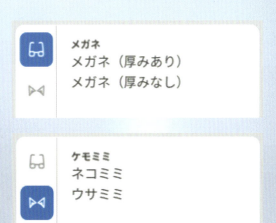

❷ アクセサリー一覧

装着中のアクセサリー一覧が表示されます。
右クリックで名前の変更が可能です。

❸ ツール

移動、回転、拡大／縮小ができます。

❹ テクスチャ・カラー編集

「テクスチャを編集」から顔、衣装同様テクスチャの編集タブに移動します。
下のパレットからカラー編集も可能です。

❺ パラメータ

アクセサリーのパラメータを調整できます。アイテムによってパラメータが違います。

ネコミミ

ネコミミは耳の形状調整パラメータと耳毛のパラメータで構成されています。
初期状態のネコミミ形状とは別に4種類の形状があり、ネコミミ以外の表現が可能です。
また、動きに合わせて耳が揺れますが設定パラメータ等はありません。

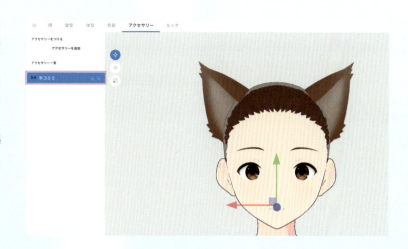

■ 耳の形状1

■ 耳の形状2

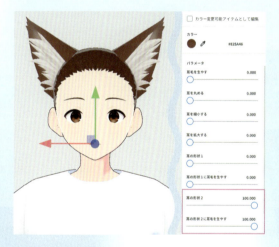

■ 耳の形状3

■ 耳の形状4

ウサミミ

ウサミミはネコミミに比べパラメータが少なく、左右別々に折り曲げるパラメータなどで構成されています。

ネコミミ同様、動きに合わせて耳が揺れますが設定パラメータ等はありません。

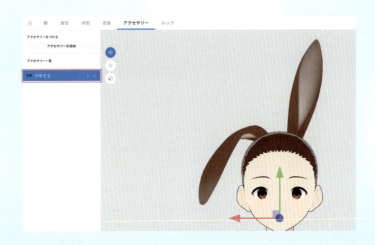

垂れ耳の状態で縮小することで犬耳に応用することもできます。

応用してハイエナの耳を作る

① [アクセサリーを追加]→[ネコミミ]をクリック

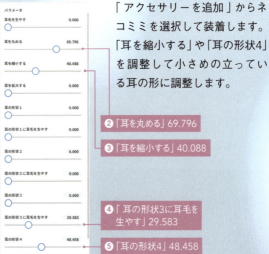

「アクセサリーを追加」からネコミミを選択して装着します。「耳を縮小する」や「耳の形状4」を調整して小さめの立っている耳の形に調整します。

② 「耳を丸める」69.796

③ 「耳を縮小する」40.088

④ 「耳の形状3に耳毛を生やす」29.583

⑤ 「耳の形状4」48.458

縮小ツールで幅を縮め、回転ツールで角度を調整し頭に埋まっているカーブした根元部分が見えるようにします。

❶［拡大／縮小］ツールで幅を縮める　❷［回転］ツールで全体を回転させる

ネコミミを複製し、左右対称になるよう位置と角度を調整します。

❶「アクセサリー一覧」で右クリック→［複製］　❷［移動］ツールと［回転］ツールで左右対称にする

[テクスチャを編集]ボタンをクリックしてテクスチャ編集画面に入ります。
それぞれのテクスチャで使わない方を消して、片耳のテクスチャを描きこんでいきます。

/ **Point** /
シェーダーカラーの影色は髪と同じにし、根元のテクスチャは髪に馴染むように塗りましょう。

図ではアクセサリー「ネコミミ」のテクスチャが左右反転して反映されていますが、v1.27.0以降のバージョンにて修正されています。

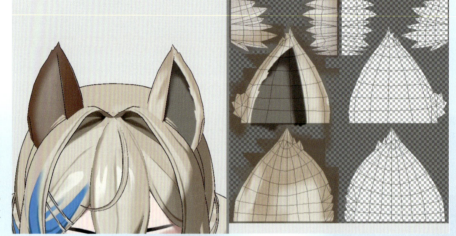

テクスチャが完成したらエクスポートしてペイントソフトで左右反転させ、もう片方の耳にインポートしハイエナ耳の完成です。

> > > Chapter 5

02 メガネや尻尾をつけよう

メガネ

メガネは厚みあり／なしの2種類があります。パラメータはフレーム形状通常時+10種やフレームやつるごとの太さ調整などで構成されており細かい調節が可能です。
位置を調節して頭にサングラスとして装着することもできます。

（上）厚みあり（下）厚みなし

■ フレーム形状パラメータ10種

（上段）フレーム形状1〜5　（下段）フレーム形状6〜10

Tips メガネレンズのテクスチャ表現

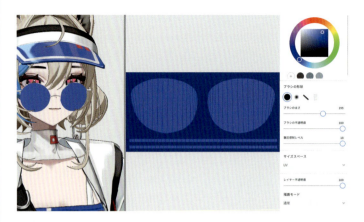

メガネのレンズは半透明素材になっているため、色を塗りレイヤー不透明度を下げるとカラーレンズにすることができます。

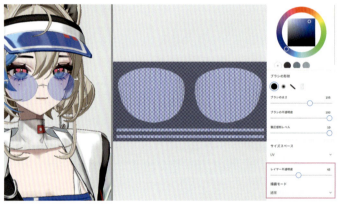

レンズは角度によって光を反射しますが、テクスチャに反射を描きこんでおくことでイラスト調に仕上げることができます。

単色のテクスチャ

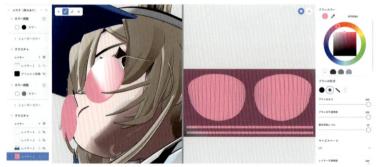

反射を描きこんだテクスチャ

また、風景の画像を読み込むことで風景がレンズに反射しているように見せることも可能です。
メガネはレンズやフレームのテクスチャ編集が簡単なので好きな色や形に調整してみてください。

出典:Canva

尻尾

■ ネコしっぽ

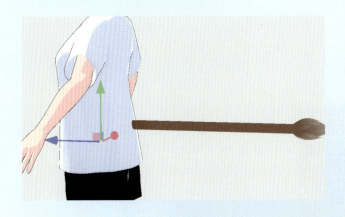

尻尾は「ネコしっぽ」「キツネしっぽ」「ウサしっぽ」の3種類があります。
揺れ幅は［ルック］タブの衣装の揺れ幅に依存します。

■ キツネしっぽ

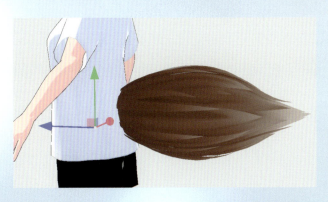

■ ウサしっぽ

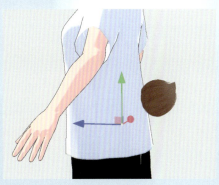

パラメータがとても豊富で、ネコ、キツネ、ウサギの尻尾とされていますがどんな種類の尻尾にも対応可能です。

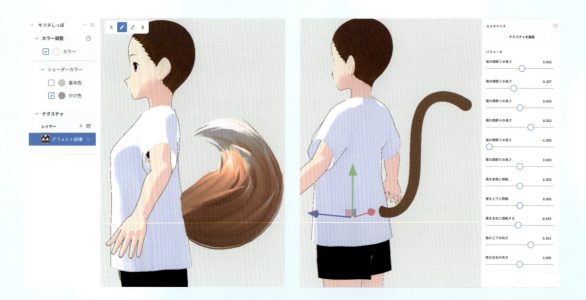

5本まで装着可能で腰に追従するため、応用次第で腰リボンやバッグなども制作可能です。

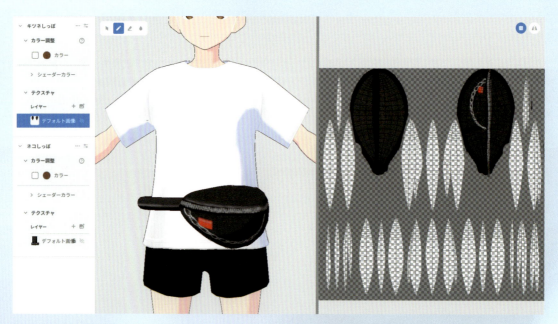

「ネコしっぽ」と「キツネしっぽ」を組み合わせたバッグ

Chapter 5 ▶▶▶ 03 サンバイザーを作ろう

ヘッドバンドを作る

髪の毛機能を応用することでオリジナルのアクセサリーを作ることもできます。
今回はサンバイザーを[アホ毛]のカテゴリで制作していきます。
アイテムを新規作成し、ガイドが頭に沿うように調整します。

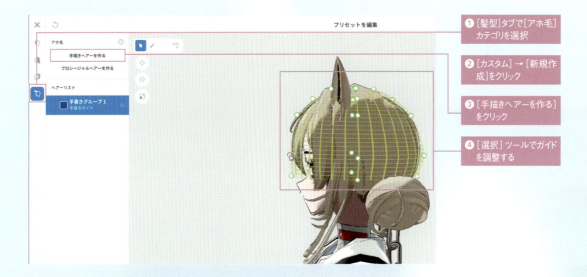

❶ [髪型]タブで[アホ毛]カテゴリを選択
❷ [カスタム]→[新規作成]をクリック
❸ [手描きヘアーを作る]をクリック
❹ [選択]ツールでガイドを調整する

[ブラシ]と[修正ブラシ]で頭を一周するように髪の毛を描きます。

❶ [ブラシ]ツールで片側にヘアーを描く
❷ [修正ブラシ]ツールで反対側に伸ばす

髪の太さは均一な帯状にしましょう。

形状カーブの制御点をドラッグして動かす

/ Point /
形状カーブの制御点は、左クリックで削除、右クリックで追加できます。

スムージングをかけ制御点を調整します。
前方が少し上に上がっているイメージでサンバイザーをかぶせましょう。

① ヘアーリストで右クリック→[スムージング]　② [制御点]ツールで形を調整する

側面に薄く影を入れたテクスチャを作成します。

調整ベルトを作る

先ほど作成した手描きグループを複製し、「断面形状」を直線(板ポリ)に設定しましょう。

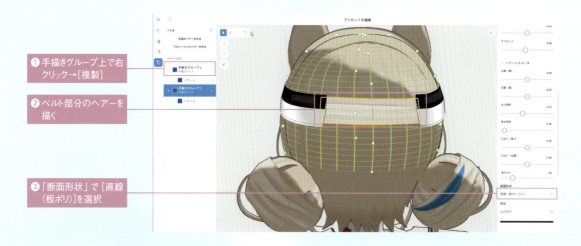

❶ 手描きグループ上で右クリック→[複製]

❷ ベルト部分のヘアーを描く

❸「断面形状」で[直線(板ポリ)]を選択

VRoid Studio上で調節ベルト部分のアタリを描いて、CLIP STUDIO PAINTでテクスチャを制作します。

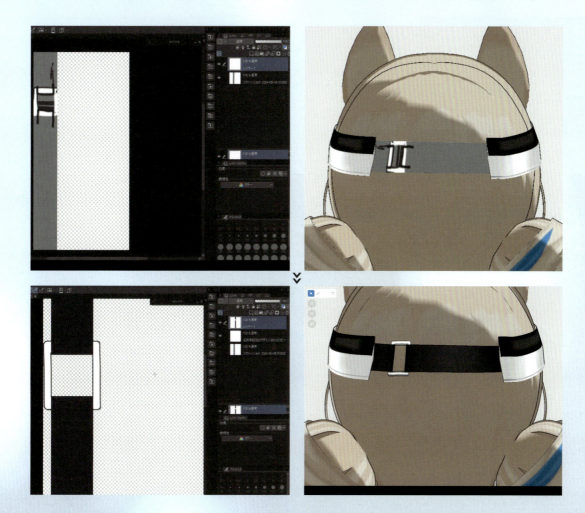

ツバを作る

手描きヘアグループを新規作成し、ガイドを横向きになるように回転、移動させます。

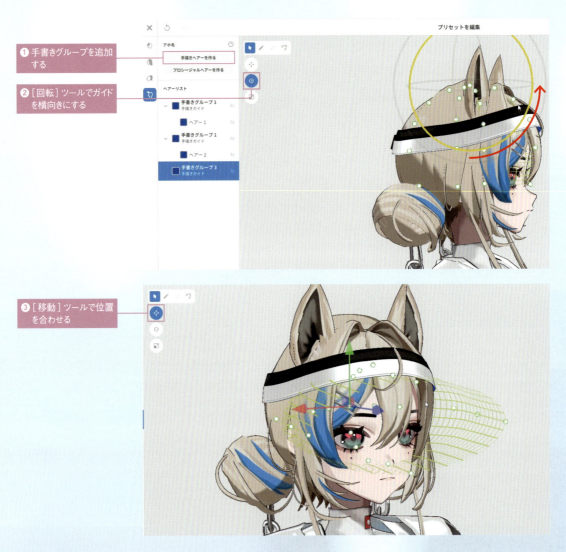

❶ 手書きグループを追加する
❷ [回転] ツールでガイドを横向きにする
❸ [移動] ツールで位置を合わせる

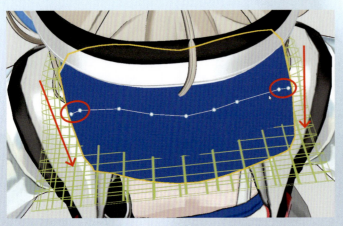

ツバを描きこみ、台形のような形になるよう制御点を調節します。端の制御点2点の距離を近くして、端から2番目の点を後ろに移動させると斜めにすることができます。

/ Point /
これを応用することで、ななめのパッツン前髪を作ることも可能です。

[前髪]カテゴリに移動し、前髪がサンバイザーの上にくるようガイドを再調整します。

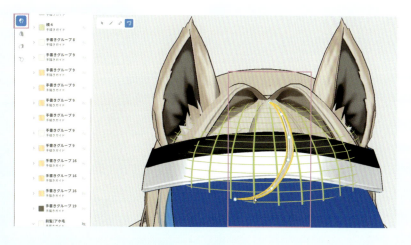

[アホ毛]カテゴリに戻り、ツバのテクスチャ編集画面に入ります。
フチに影を描きこんでツバに厚みを出します。

光沢と模様を描き込みます。
中央から半分に影色を入れると立体感が出ます。

❶[透明度保護]をONにして光沢を描く
❷新規レイヤーに模様を描く

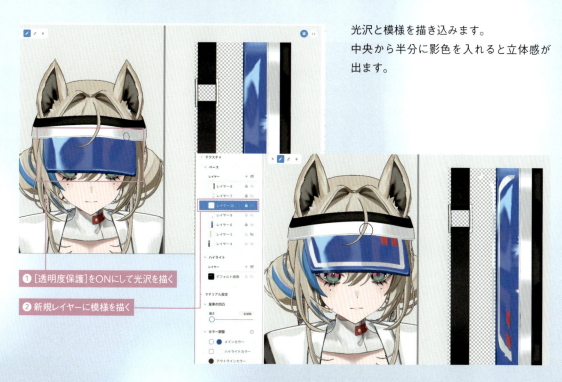

Chapter 5 (アクセサリーを付けよう)

裏面を表面より暗い色で
塗りつぶしたら完成です。

これでモデルの造形が完成しました。

▶▶▶ Chapter 5

髪の毛でいろいろなアクセサリーを作ろう

レースの作り方

CLIP STUDIO PAINTなどでレースの画像素材などを使って髪テクスチャを用意し、「**断面形状**」を直線（**板ポリゴン**）で描くとレースを作ることができます。ヘアーの太さも一定にしておきます。
フリルなども同じ方法で作ることができます。

❶[直線（板ポリゴン）]を選択　❷形状カーブを直線にする

簡単リボンの作り方

一番簡単かつ、作った後の位置調整がしやすいリボンの作り方です。
小さめのリボンパーツに適した作り方なので、前髪やピアスにおすすめです。

中央から外側に向けてヘアーを描き、形状カーブで外に向かって太くなるように調整します。

/ Point /
中央から外に向けて描くことで、ボーンを入れて揺らすことができます。

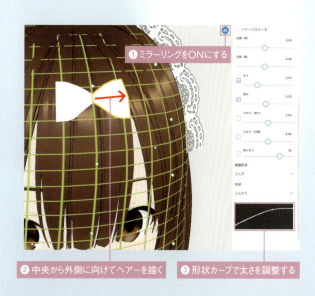

❶ミラーリングをONにする
❷中央から外側に向けてヘアーを描く　❸形状カーブで太さを調整する

中央の結び目を
ヘアーで描き、厚
さを調整します。
テクスチャを描
きこんだら完成
です。

/ Point /

前髪と一緒に揺らしたい場合はリボンを[前髪]カテゴリに作り、一緒に揺らしたいボーングループに追加しましょう。

Tips リボンの塗り方

❶ ベースカラーを塗ります
❷ 影を描きます
❸ 濃い影を描きながらぼかします
❹ ハイライトでディティールを描きこみます

紐リボンの作り方

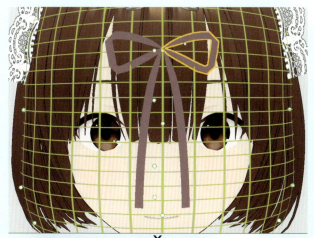

紐リボンは「断面形状」を直線（板ポリゴン）で作成したリボンです。
ひねりを加えることで自然に影ができるため、テクスチャを描くのが苦手な方にもおすすめです。

ミラーリングをONにした状態で、リボンのわっか部分とたれ部分を描きます。

制御点を調整し、それぞれの紐の形や長さを少しずつ変え、動きを作ります。
また、それぞれの紐にひねりを加え立体感をだします。

「ひねり（強さ）」と「ひねり（位置）」を調整する

/ Point /
ひねりの強さ、位置をばらばらに設定することで、より紐リボンらしさを表現することができます。

立体リボンの作り方

調整に手間が掛かりますが、大きいパーツで作成する場合とても見栄えが良いのが立体リボンです。
はじめに、ミラーリングをONにした状態でガイドを左右に広げます。その後ガイドの先端(すそ部分)の制御点を前後に縮めてくっつけます。
修正ブラシを使いながら、ガイド表面の先端から裏面の先端までヘアーを描きます。
移動、回転、拡大／縮小ツールを使って位置を合わせ、手描きグループを複製して左右反転させます。

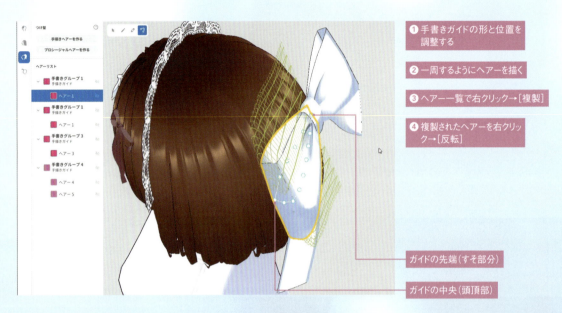

❶ 手書きガイドの形と位置を調整する
❷ 一周するようにヘアーを描く
❸ ヘアー一覧で右クリック→[複製]
❹ 複製されたヘアーを右クリック→[反転]

ガイドの先端(すそ部分)
ガイドの中央(頭頂部)

同様に、修正ブラシを使いながらガイドを一周するようにヘアーを描き、結び目のわっかをつくります。
たれ部分は、「断面形状」直線（板ポリゴン）で結び目部分から左右対称に描きます。

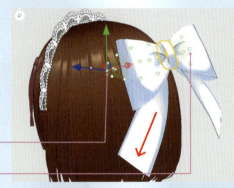

結び目のガイドの中央(頭頂部)
結び目のガイドの先端(すそ部分)

テクスチャを描きこんだら完成です。

148

ピアスの作り方

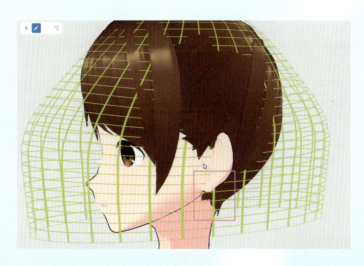

ピアスを付けたい位置にガイドを食い込ませ、平面になるよう前後に大きく広げます。

均一の太さに調節した髪の毛を円形に描き込み、制御点を調整して整えます。

/ Point /
耳を前向きに調整しておくとピアスの調整が簡単になります。

球体の作り方

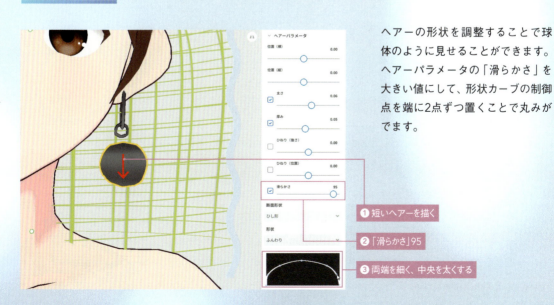

ヘアーの形状を調整することで球体のように見せることができます。ヘアーパラメータの「滑らかさ」を大きい値にして、形状カーブの制御点を端に2点ずつ置くことで丸みがでます。

① 短いヘアーを描く
② 「滑らかさ」95
③ 両端を細く、中央を太くする

横から見たときの太さと厚さを均等に調整したら完成です。

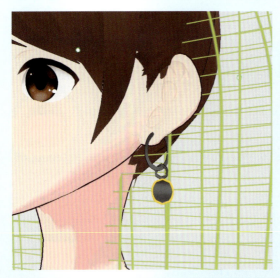
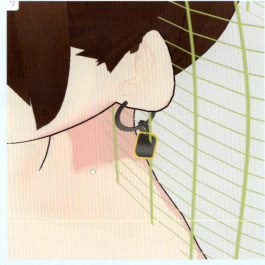

「断面形状」を[ひし形]で作成しているため、上から見ると球体にはなっていません。

プロシージャルヘアーを使った球体

プロシージャルヘアーを使って球体を作ることも可能です。
プロシージャルヘアーを作成し、おだんごヘアーを作った時（Chapter4 P116）と同様にガイドを球体に調節します。

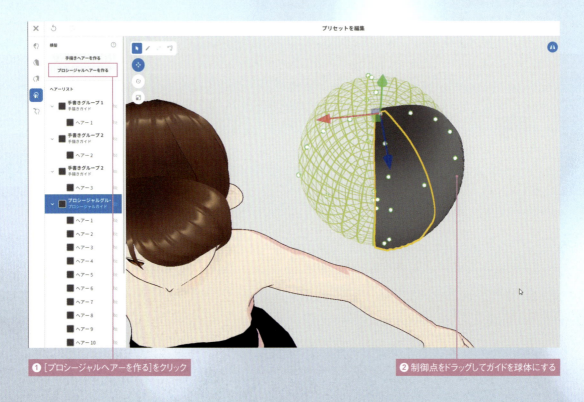

❶ [プロシージャルヘアーを作る]をクリック　　❷ 制御点をドラッグしてガイドを球体にする

「本数」を多めに設定し、「間隔」を広げ髪の毛がガイドを覆うようにしましょう。

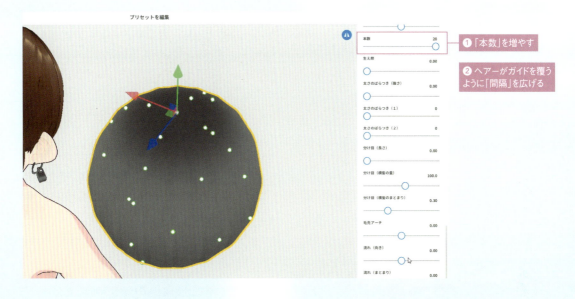

ヘアーパラメータの「太さ」と「厚み」を調整し、球体に見えるように微調整を加えたら完成です。
ヘアーの本数が多いためこまかいテクスチャの調整は不向きですが、綺麗な球体を作ることができます。

チェーンの作り方

大きなチェーンは、ポニーテールリングを作った時（Chapter4 P119）と同様に1つのリングを1本のヘアーで作ります。
細かいチェーンはレースと同様に、ヘアーの「断面形状」を［直線（板ポリゴン）］にしてチェーンのテクスチャを読み込むことで作ることができます。

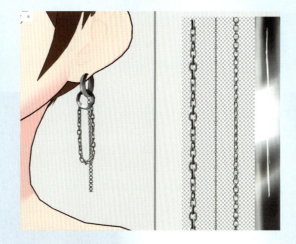

リボン、球体、チェーンを応用することでいろいろなピアスを作ることができるので是非試してみてください。

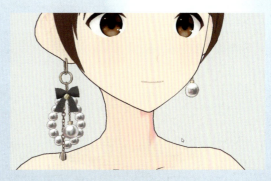

Column 羽をはやす

ガイドを移動させ大きく広げることで、羽を作ることも可能です。

しかし髪の毛で制作する場合、頭（J_Bip_C_Head）に追従するように設定されているため、Unityなどの外部ソフトで追従先を背中（J_Bip_C_UpperChes）に変更する必要があります。
この調整はVRoid Studio内ではできないので注意してください。

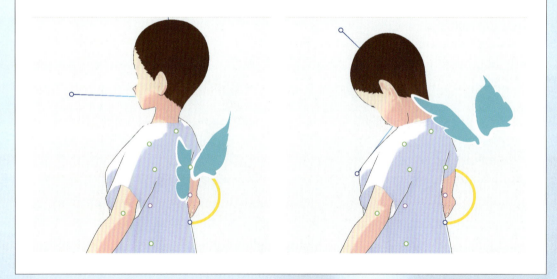

chapter 6

見た目をカスタマイズしよう

Chapter 6 01 「ルック」タブを使おう

アウトライン

「ルック」タブでは、アウトラインや陰影などのモデルの見た目を調整できます。
「アウトライン」はモデルの輪郭線の太さを髪、顔、体、アクセサリーごとに調整できます。
値が大きいほど太く、0で非表示になります。

「アウトラインの太さ」0.0 　　　　　　　　　　「アウトラインの太さ」0.250

Tips　ぱっつん前髪の注意点

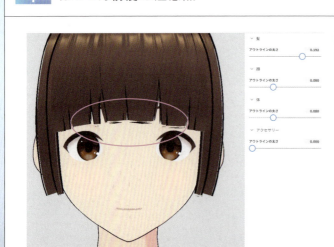

ぱっつん前髪はアウトラインが浮きやすいためなるべく細めに調整しましょう。
また「断面形状」を直線（板ポリゴン）にして前髪を作ることで対策するのもおすすめです。

リムライト

髪、顔、体にあたる光の具合を調整できます。アクセサリーは体のパラメータに依存します。

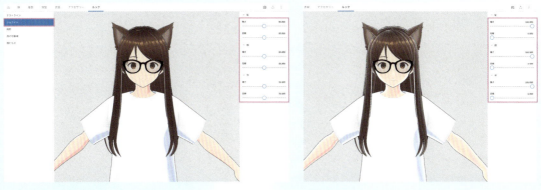

強さ50.000　圧縮50.000　　　　　　強さ100.000　圧縮0.000

陰影

顔、髪、体の影の入り幅と硬さを調整できます。アクセサリーは体パラメータに依存します。
かげの硬さの値が大きいほどアニメ調に、小さいほどリアルな影の入り方になります。

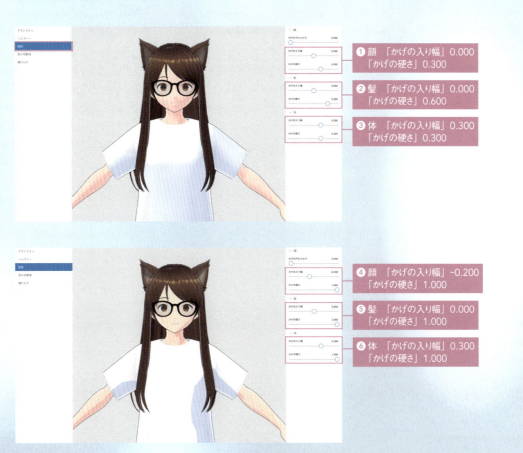

❶ 顔　「かげの入り幅」0.000　「かげの硬さ」0.300
❷ 髪　「かげの入り幅」0.000　「かげの硬さ」0.600
❸ 体　「かげの入り幅」0.300　「かげの硬さ」0.300

❹ 顔　「かげの入り幅」-0.200　「かげの硬さ」1.000
❺ 髪　「かげの入り幅」0.000　「かげの硬さ」1.000
❻ 体　「かげの入り幅」0.300　「かげの硬さ」1.000

「かげのやわらかさ」0.0

「かげのやわらかさ」1.0

また、顔パラメータの「かげのやわらかさ」で顔の法線制御が行えます。
光源の方向を動かすと影の入り方が変わったことがわかります。値が大きいほど細かな影が入らなくなり、アニメ的表現に近づきます。

目の可動域

「内側」0.0

「内側」24.5

「内側」「外側」「上側」「下側」の各自の動く幅を設定できます。
値が大きいほど瞳がキョロキョロと動きます。

揺れもの

「衣装」パラメータでワンピースのスカートなどの揺れ幅、「体」パラメータで胸の揺れ幅を調節できます。値が大きいほど揺れ幅が大きく、小さいほど揺れなくなります。

Tips VRM書き出し後の「ルック」の設定

「ルック」タブでの設定は、VRM形式で書き出したときにモデルの基本設定として引き継がれます。しかし使用するアプリによっては、ライティングなどの影響で色味などが変わってしまうこともあります。また、clusterなどデータ量が削減されるプラットフォームではアウトラインが消えたりすることもあります。

Chapter 6 02 VRoid Studioで撮影しよう

「撮影」モードに入る

基本画面の右上にあるカメラアイコンをクリックすると撮影モードに入ります。

撮影モードでは、モデル表示エリア右下のカメラマークで画像出力ができます。

表情

❶ まばたきをする
ONになっていると自動でまばたきをします。

❷ カメラを見る
ONになっているとカメラの方向に合わせて瞳が追従します。OFFの場合操作パネルで目線の操作が可能です。
※目の可動域が0.00の場合は動きません。

❸ 左右の連動
ONの場合瞳が左右一緒に動きます。OFFの場合別々の位置を指定できます。

❹ 表情パラメータ
「基本セット」「眉」「目」「口」「歯」ごとにパラメータを調整できます。

アニメーション

❶ ポーズ＆アニメーション
「女性アニメーション」「男性アニメーション」「ポーズ」のタブを切り替えます。

❷ アニメーション一覧
アニメーションの一覧です。選択したアニメーションが再生されます。

❸ 停止ボタン
アニメーションを停止できます。

ポーズ

コントローラー（制御点）を操作して好きなポーズに調整することができます。

❶ コントローラーを表示

コントローラーの表示／非表示の切り替えが可能です。

❷ プリセットポーズ

ポーズのプリセットです。選択し適用した後にコントローラーでポーズを調節することができます。

❸ 手の調整

手のポーズを選択できます。ウェイトの値を下げるとポーズが緩みます。

❹ ポーズの保存／読み込み

現在のポーズを.vroidpose形式で保存、読み込むことができます。

「ウェイト」1.0

「ウェイト」0.566

背景

❶ 背景色

カラーパレットで背景色の選択ができます。不透明度を0.000にすることで透過画像として書き出すことも可能です。

❷ 背景画像

.jpg、.png形式の画像を背景として読み込むことができます。

照明

モデルにあたる照明の角度／強さ／色を調整できます。

風

モデルにあたる風の向きを調整できます。

ポストエフェクト

モデルに様々なエフェクトをかけることができます。

❶ アンチエイリアス

モデルのアウトラインを滑らかに表示することができます。

❷ ブルーム

明るい部分から光を拡散させるエフェクトです。
「強さ」の値が大きいほど光が強くなります。
「しきい値」が大きいほど拡散する光の範囲が大きくなります。

❸ カラーグレーディング

温度、色合い、色相、彩度、コントラストのパラメータで色調補正ができます。
また、カラーフィルターの色もカラーパレットから選択できます。

❹ コミック

漫画風のエフェクトをかけることができます。カラー調整も可能です。また、油彩パラメータの値をあげることで絵具で描いたような表現になります。

❺ ぼかし（移動）

縦横方向にぼかしを入れることができます。

撮影サイズ

プリセットサイズを指定したり、スライダーで好きな画像出力サイズに調整したりできます。
数字を入力することもできますが値が大きいほどPCへの負荷が大きくなります。

> **Tips** イラスト風に見せる撮影のコツ

3Dの写真撮影ソフトには**視野角**の調整パラメータがあります。視野角の値が低いほど平面的に見え、値が大きいほど立体的に見えます。
なるべくイラストに近い印象の写真を撮影したい場合は、値を小さくすることをおすすめします。

視野角10

視野角60

また、VRoid Studio上でもショートカットキー 5 で投影方法の変更(平行投影／透視投影)が可能です。

平行投影

透視投影

Column ポージングのコツ

写真撮影の際、いざポーズをとってみると硬いイメージになることはないでしょうか？
コントラポストを意識することで自然なポージングに近づきます。

●コントラポストとは
コントラポストとはイタリア語由来の言葉で、体重を片足にかけている状態のことを指しています。
肩や骨盤の傾きをずらし背骨がS字になるよう意識することで、動きのある一瞬を切り取ったような表現が可能です。

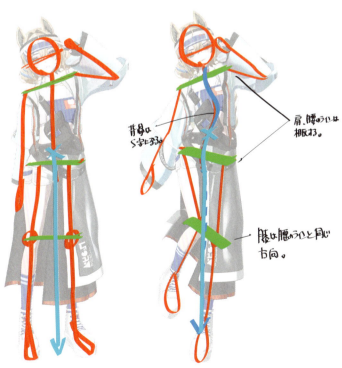

背骨はS字になる。

肩、腰のラインは概反する。

膝は腰のラインと同じ方向。

Chapter 6
03 セルルック風のモデルを作ってみよう

セルルックとはセル画などで表現される**アニメ風の質感を再現した表現**のことです。
VRoidでセルルック風にモデルを作成するのはとても簡単で初心者におすすめです。
今回はプリセットで作成したモデルをベースにテクスチャに加筆していきます。

影の設定

基本的に「ベタ塗り→影を塗る」という工程になりますが、テクスチャの作成に自信が無い場合は髪のマテリアル設定で「髪束の凹凸」の値を下げて陰影のかげの硬さの値を高く設定し、テクスチャをベタ塗りすると、より簡単にセルルック風に仕上げることができます。

❶髪束の凹凸 「強さ」0.0

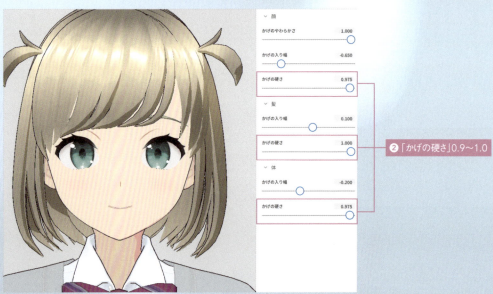

❷「かげの硬さ」0.9～1.0

頭部の調整

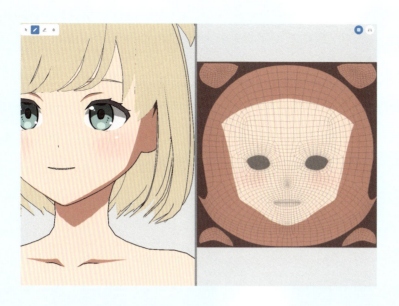

ベースのモデルはグラデーションの部分が多いですが、セルルック風に仕上げる場合はグラデーションやぼかしの多用は控えましょう。

影はベースより少し彩度が高めの暖色系で統一し、濃いめにはっきりと塗りましょう。
髪のテクスチャはベースカラーと影色の2分割で塗り、髪のフチに影色が少し出るようオフセットの値を調整します。

眉毛、アイライン、瞳等の主線は暗めの色で引きます。
瞳のグラデーションは影色、中間色、ハイライトと階層になるように塗ります。

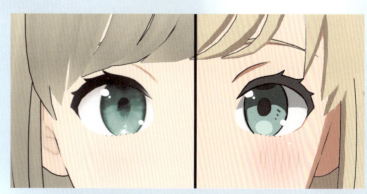

体の調整

頭部は少し大きめで四肢も平均的な長さに調整すると可愛らしいアニメ風の印象になります。
衣装も頭部同様影と主線をハッキリ描き込みましょう。

Chapter 6

04 リアル風のモデルを作ってみよう

リアル風のモデルは描き込み量が多く中級者以降向けです。
プリセットでベースを組み加筆していきます。

頭部の調整

リアル風のモデルはセルルック風に比べ目を小さくアーモンド型に調整します。
肌の色素も薄めで彩度を低く調整しておきましょう。

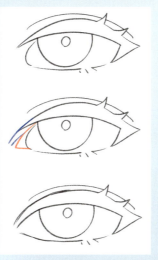

VRoidは目頭とアイラインに距離が空いているため、肌テクスチャにアイラインを加筆します。
目頭の形も肌テクスチャを消すことで調整します。

リアル風のモデルはぼかしやグラデーションを使い顔の彫りの深さを表現する必要がありますが、ぼかしすぎると不気味な印象になりやすいので、二重やアイラインの主線はしっかり引きましょう。
眉毛にも毛束感を持たせることでリアルな印象に近付きます。

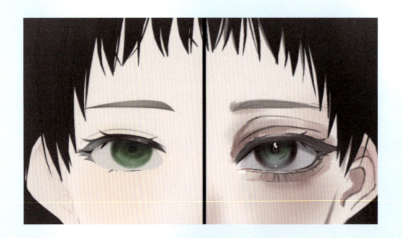

体の調整

リアル風のモデルは頭部を小さめにし頭身を高く調整します。
首は長めに設定したほうがバランスが良くなります。
衣装は服のしわを細かく描き込み立体感をつけましょう。

Column　モデルと背景を馴染ませる

撮影したモデルの画像を実写写真に馴染ませる方法を紹介します。
今回はマイク、モデル、背景の三枚の画像をベースに加筆修正していきます。

背景の色に合わせてモデルの彩度を下げ、暗く色調補正します。

ガウスぼかしで背景をぼかし遠近感をつけます。

さらにモデルのフチ（奥側になっている部分のパーツ）をぼかしブラシでぼかして背景に馴染ませます。

モデルを複製し、黒く塗りつぶし位置を少しずらしてクリッピングし逆光を表現します。

加算発光でオレンジ系統の光を描き込み光漏れを表現します。

スパッタリングや光粒系のブラシで埃や空気感を表現します。

完成です。

chapter 7

アバターを活用しよう

VRM形式で保存しよう

Chapter 7

VRMとは

VRMとは、3Dキャラクターやアバターを扱うためのファイル形式です。
VRoid Studioで制作したモデルをVRM形式でエクスポートすることで、さまざまなアプリケーションで利用できるようになります。

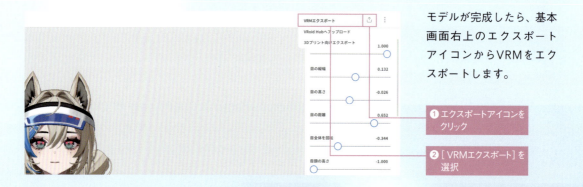

モデルが完成したら、基本画面右上のエクスポートアイコンからVRMをエクスポートします。

❶ エクスポートアイコンをクリック

❷ [VRMエクスポート] を選択

エクスポート画面を知る

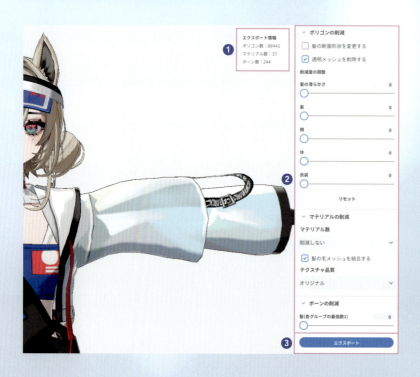

❶ **エクスポート情報**

モデルのポリゴン数、マテリアル数、ボーン数が表示されます。

❷ **削減用パラメータ**

ポリゴン数、マテリアル数、ボーン数を削減できます。プラットフォームによってはポリゴン数、マテリアル数、ボーン数に制限があるためエクスポート前に確認しましょう。

❸ **エクスポート**

エクスポートをクリックするとモデルを書き出すことができます。

書き出し手順

エクスポートをクリックするとVRMエクスポート設定が表示されます。必須項目を記入し任意のフォルダに保存してください。

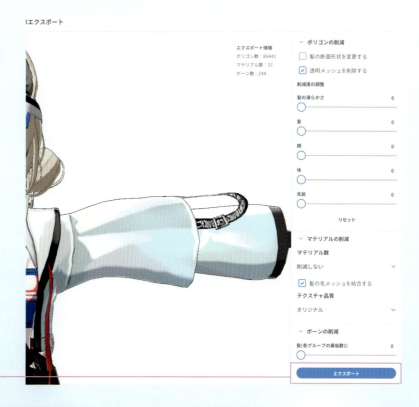

❶ [エクスポート]をクリック

❷ フォーマットを選択　❸ 必須項目を入力

❹ 許諾の設定をする　❺ [エクスポート]をクリック

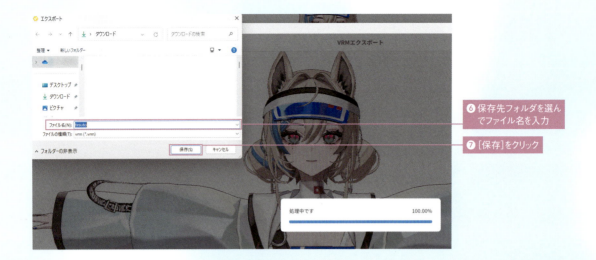

❻ 保存先フォルダを選ん
でファイル名を入力

❼ [保存]をクリック

/ Point /
アプリケーションによってはVRM1.0に対応していない場合があるため、前もって確認をしましょう。
VRM1.0について詳細はVRM公式ドキュメント（https://vrm.dev/vrm1/index.html）を参照してください。

3Dプリント向けエクスポート

VRoid Studioでは、VRM形式の他に3Dプリント用データ（.fvp）を書き出すことができます。
エクスポートボタンから[3Dプリント向けエクスポート]を選択します。
3Dプリント向けエクスポート画面では撮影モードと同様の表情調整、ポーズ編集を行えます。フィギュアにしたいポーズに設定し[このポーズでOK]を選択しエクスポートします。

このデータをpixiv FACTORY 3Dプリントサービス（https://factory.pixiv.net/vroid）の手順に沿ってアップロードを行うことでフィギュアの注文が可能です。

Chapter 7

02 VRoid Hubで公開しよう

VRoid Hubとは

VRoid Hub（https://hub.vroid.com/）は、作成した3Dキャラクターモデルを投稿して、他のユーザーと共有できるプラットフォームです。

VRoid Hubでは、3Dキャラクターモデルを投稿するだけでアニメーションするプロフィールページを作成したり、利用条件と共にモデルデータを配布したりできます。また、投稿された3Dキャラクターモデルは、VRoid Hubと連携した各種アプリ／ソフト／プラットフォーム上で利用することができます。

VRoid Studioからアップロード

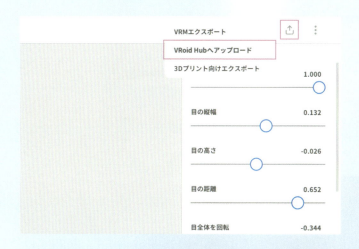

エクスポートボタンをクリックして［VRoid Hubへアップロード］を選択します。
初めてVRoid Hubを使用する場合は、pixivアカウントへのログインが必要になります。

［VRoid Hubへアップロード］を選択すると「新しいキャラクター」「モデルの追加」「モデルの更新」の選択画面が出るので、「新しいキャラクター」を選択します。

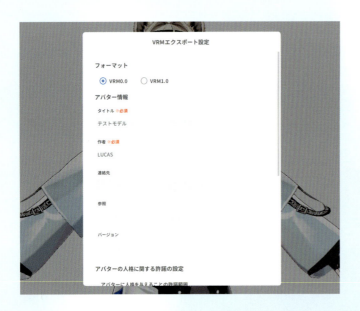

VRMエクスポート時と同じエクスポート設定画面に移ります。アバター情報を記入し［エクスポート］をクリックします。

エクスポートをクリックすると「全身」「バストアップ」のサムネイル撮影画面に移るので好きなポーズのサムネイルを撮影します。

撮影が完了すると確認画面が表示されます。モデル情報やサムネイルに問題がなければ［アップロード］をクリックします。

アップロードが完了すると自動でVRoid Hubの画面が開きます。任意の情報を入力し右下の[公開/非公開で登録]を押すことでVRoid Hubへのアップロードが完了です。

/ Point /
非公開での登録の場合、第三者からアバターを見ることはできませんが、VRoid Hub連携アプリケーションでは問題なく使用できます。

Webサイトからアップロード

VRoid Hubにアクセスし、[キャラクターを登録]を選択します。

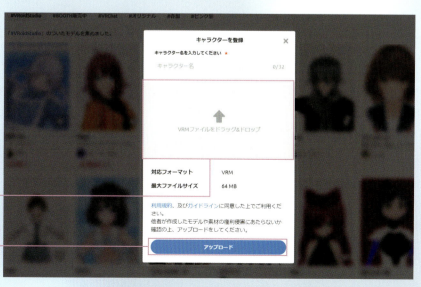

キャラクター名を入力し、事前にエクスポートした.vrmファイルをドラッグ&ドロップして[アップロード]をクリックしましょう。

❶ .vrmファイルをドラッグ&ドロップ

❷ [アップロード]をクリック

［アップロード］をクリックするとVRoid Studioからアップロードする時と同じ画面が表示されます。任意の画像をアップロードするかVRoid Hub上でサムネイルを撮影し情報を入力します。右下の［公開／非公開で登録］を押すことでVRoid Hubへのアップロードが完了です。

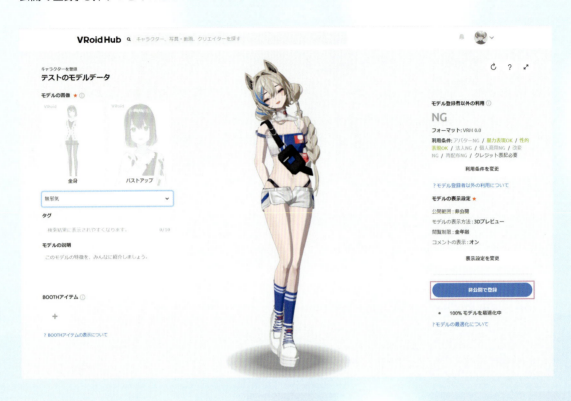

Chapter 7
03 BOOTHのアイテムを使おう

BOOTHでアイテムを購入する

BOOTH（https://booth.pm/）は、ピクシブが提供する創作活動者向けのネット販売サービスです。同人誌や音楽CD、ゲームやオリジナルグッズ、ハンドメイドアクセサリーや3Dモデルなど幅広いコンテンツが販売されています。

BOOTHにアクセスし、「VRoid」や「VRoid Studio」などで検索をかけ欲しい商品を探します。

もしくは、VRoid Studioの［さらにアイテムを探す］→［BOOTHを見る］をクリックすると、選択中カテゴリのBOOTHでの検索結果を開けます。

BOOTHで好きな商品を選択したら、[カートに入れる]をクリックします。
画面右上のカートアイコンをクリックするとショッピングカートが開き、現在カートに入っているアイテムの確認、支払い手続きに移ります。
pixivアカウントにログインして購入を確定したら、ダウンロード画面でアイテムをダウンロードしましょう。

カスタムアイテムをインポート

先ほどダウンロードしたアイテムを着用していきます。
衣装セットを着用する場合は、[衣装]タブで[カスタム]→[インポート]を選択します。

ダウンロードしたカスタムアイテム(.vroidcustomitem)を選択しインポートします。

インポートが完了すると［すぐに着用する］の選択肢が出るのでクリックするとそのまま着用することができます。［今はつけない］を選択した場合カスタムアイテム一覧に表示されます。

各アイテムをインポートし完了です。

Chapter 7

04 トラッキングしてアバターとして利用しよう

トラッキングとは、webカメラなどを使い自分の表情や動きを追跡しアバターを動かすことです。表情や全身、手のみなど様々なトラッキング技術が存在します。
ここではVRoidモデルを使用できるおすすめのトラッキングソフトをいくつか紹介します。

iFacialMocap

- ¥900
- iOS
- https://www.ifacialmocap.com/home/japanese/

iPhoneのTrueDepthカメラ（FaceID機能）を利用して、高度な表情トラッキングができるソフトです。このソフト単体では3Dモデルを読み込んだり表示したりすることはできませんが、この節で紹介するソフトと組み合わせることで、アバターに豊かな表情をつけることができます。

VMagicMirror

- 無料／有料版¥2500
- Windows
- https://booth.pm/ja/items/1272298

VR機器がなくてもVRMをキーボードとマウスのみで動かせるWindows向けソフトです。
iFacialMocapにも対応しており、高度な表情トラッキングも可能です。キーボードとマウスのほか、ゲームパッドやペンタブレット、プレゼンテーションモードなどもあり、シンプルかつ多機能なソフトです。

Webcam Motion Capture

- 無料体験版あり／無期限ライセンス￥6,980／サブスク月額￥199
- Windows／macOS
- https://webcammotioncapture.info/

Webcam Motion Captureはwebカメラのみで高度な表情トラッキング、視線トラッキング、ハンドトラッキング、全身トラッキングを行えるソフトです。
FaceIDやVMCプロトコルの送信、モーションキャプチャーデータをFBXファイルに保存する、モーションの読み込みなど、多機能かつ低価格なサブスクリプションが特徴です。

Warudo

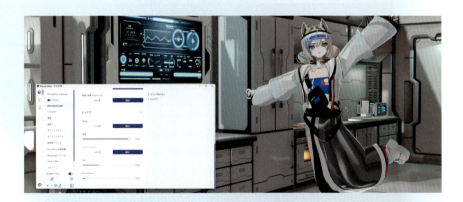

- 個人利用のみ無料(有料版要問合せ)
- Windows(Steam経由)
- https://warudo.app/

iFacialMocap（iPhone）、Mediapipe（Webカメラ）、VMC、mocopi、Leapmotion等からのモーションのインポートに対応しており、幅広いトラッキングかつ高度な画面作りができるソフトです。様々なステージ、アイテム、モーションに加えブループリント機能でYouTubeやTwitchの配信コメントにリアルタイムで連動した演出を加えることができます。

VSeeFace

- 無料
- Windows8以降
- https://www.vseeface.icu/

VSeeFaceは顔のトラッキングやLeap Motionを使用したハンドトラッキングに対応したソフトです。
描画の設定など多くの機能を持っているほか、仮想カメラやVMCプロトコルの送受信にも対応しており、無料ながら高機能なソフトです。

Vフレット

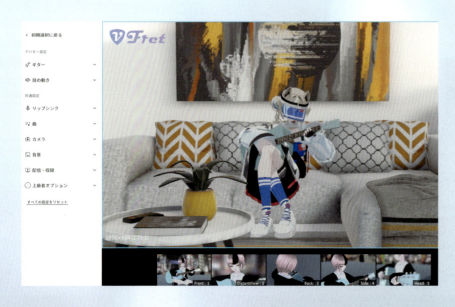

- 無料／PRO版￥3000
- Windows ／ macOS
- https://nkjzm.jp/vfret

Vフレットはギターの弾き語りに特化したアプリです。
外部機器は不要で、自動でギターを弾いている風な動きをつけることができ、自動カメラワーク機能も搭載されています。直感的なUIとシンプルな操作で、配信初心者にもおすすめです。

VRoidおすすめソフト／プラットフォーム

HANA_APP

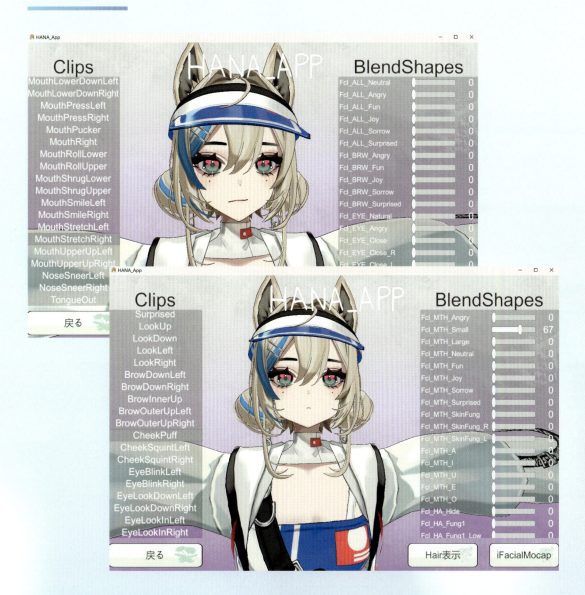

- 通常版¥1,500／支援版¥2,000
- Windows
- https://kuniyan.booth.pm/items/2917742

Unityを立ち上げずに、VRoid Studio製VRMのパーフェクトシンク設定を行うことができるアプリです。
パーフェクトシンクとはFace ID等を使用し52種類の細かな表情パラメータをアバターの個別のブレンドシェイプに反映する仕組みです。舌を出したり、頬を膨らませたりできます。

cluster

- 無料（有料アイテムあり）
- PC／スマートフォン
- https://cluster.mu/

clusterは、ユーザーによって作られたワールドが40,000以上存在するメタバースプラットフォームです。
バーチャル渋谷や有名企業による大規模なイベントに参加したり、個人でイベントを開催したりできます。チャットやマイクによってユーザー間でコミュニケーションをとることも可能です。

VRoom

- 無料／有料版￥1500
- Windows
- https://ojousa-mayo.github.io/VRoom/

VTuber向け3D配信「おうち3D」アプリです。
複数のステージに加え、アセットを使って好みの部屋を作ったり3Dデータを読み込んだりすることが可能です。自動カメラワークや画面エフェクト、パーティクル、スクリーン表示など直感的な操作で豪華な配信画面を作ることができます。

FumiFumi

- 無料／プレミアムプラン月額￥500
- iOS ／ android
- https://sorasusoftware.com/fumifumi/index.php

基本的なポーズ調整、表情調整の機能に加えライティング調整やマスク機能といった現実世界にアバターを溶け込ませるうえで便利な機能が充実したスマホ向けVRM写真撮影アプリです。

おでかけAR

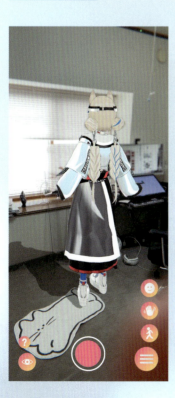 

- ￥300
- iOS
- https://apps.apple.com/jp/app/おでかけar/id6444123765

アバター姿でおでかけできるARアプリです。
スマホを持って歩くだけでアバターと一緒におでかけができます。SONYによるモバイルモーションキャプチャー「mocopi」で撮ったモーションの利用も可能で、まるで現実世界にアバターがいるかのような撮影が可能です。

VRM Posing Desktop

- ￥1400
- Windows／macOS
- https://store.steampowered.com/app/1895630/VRM/

基本的な撮影機能に加え、3D背景、小物の読み込み、数多くのエフェクトが用意されたPC向けVRM撮影ソフトです。複数体のアバターの読み込みができ、プリセットポーズだけでなくユーザーが投稿したポーズを利用することもできます。

VRMの光物設定するやつ

- 無料／支援版￥120
- https://120byte.booth.pm/items/4809164

指定した部分を発光させることができるツールです。
RGB値、光の強さを調整し好きな色で光らせることができます。

MouseRuler

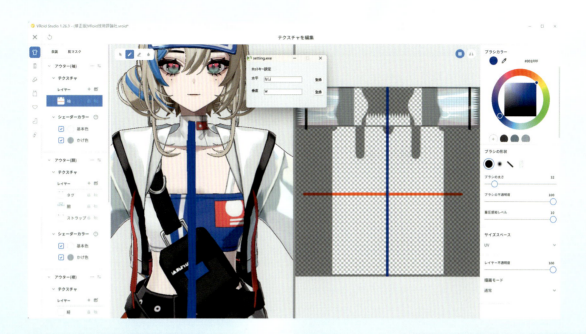

- 無料
- Windows
- https://www.vector.co.jp/soft/winnt/util/se494259.html

指定したキーを押しながらマウスを動かすと縦横一方に直線移動できるツールです。
モデル表示エリアにも、あるいはペイントソフトを開かなくても直線を引けるようになります。

まじかる☆ですくとっぷ

- 無料／支援版￥500
- Windows
- https://booth.pm/ja/items/1271268

デスクトップにキャラクターを透過表示させることができるツールです。
VRoid Hub連携で改変OKのモデルのみ、着せ替え機能によってテクスチャの編集が可能です。ペイントソフトでテクスチャを編集しながら、すぐに3Dモデルで確認するといった使い方ができます。

PureRef

- 〜v1.11.1　寄付形式／v2.0以降　商用有料
- Windows ／ macOS ／ Linux
- https://www.pureref.com/

リファレンス画像の表示に特化したソフトです。
ウィンドウを最前面に固定する、透過表示する、カラーピッカーでカラーコードをコピーするなどの機能があります。キャラクターデザインのイラストを表示させたままVRoid Studioを操作できます。

Index

用　語

英数字

3Dプリント	174
BOOTH	179
.fvp	174
VRM	172
.vroidcustomitem	181
VRoid Hub	175
.vroidpose	159
VRoid Studio	12
VRoid Studioのインストール	17

あ行

アイライン	35
アウトライン	154
アクセサリー	130
アニメーション	158
アホ毛	139
衣装	62
陰影	155
インナーカラー	114
インポート	29, 32, 180
後ろ髪	113
腕飾り	80
エクスポート	30, 32, 172
おだんご	116
オフセット	106, 114

か行

ガイドをエクスポート	30
かきあげ前髪	108
重ね着	63
下半身インナー	77
髪型	98
髪型の編集	99
髪の揺れ設定	123
カラー調整を使う	30
球体	149
金属	84
口	40, 49
口紅	41
靴	92
グループの中央に軸を移動	123
ケモミミ	131
口内	47
固定点	124
このヘアーを軸にする	123, 126

さ行

サイズスペース	37
撮影	157
サンバイザー	139
シェーダーカラー	30
尻尾	137
視野角	162
重力	125
上半身インナー	69
ショートカットキー	21
白目	34
新規作成	24
スムージング	100
セルルック	164

た行

体型	54, 57
チーク	39
チェーン	119, 151
直線(板ポリゴン)	107, 141, 145, 147, 154
つけ髪	116
手描きヘアに変換	100
テクスチャ解像度	79, 105
テクスチャガイド	29
テクスチャ編集	28, 104
透視投影	162
透明度保護	29
トップス	64, 87
トラッキング	182

な行

ネイル	61

は行

ハイライト	104
肌	38, 43
肌マスク	63
鼻	42
羽	152
反転	100
ピアス	149
瞳のハイライト	33
表情	158
表情編集	50
フェイスペイント	43, 127
プロシージャルヘアー	112, 150
ヘアピン	122
平行投影	162
ベースヘア	115
ポーズ	159
ボーン	124
ボーンの自動生成	123
ポストエフェクト	160
ボトムス	78

ま行

前髪	101, 124
まつげ	36
マテリアル	99

まぶた	36	袖口を広げる	81
まゆげ	44	袖先のたるみ	81
三つ編み	120	袖のシワを深くする	81
ミラーリング	29, 99	袖を短くする	81
目	31		
メガネ	135		

た 行	
モデル選択画面	19
モデル編集画面	20

つま先を丸く	93
手の大きさ	55
胴の長さ	55

ら 行	
リボン	145
リムライト	155
ルック	154
レース	145
レッグウェア	82

な 行	
滑らかさ	149

は 行	
歯-隠す	51
鼻先の上下	25
鼻筋のカーブ具合	25
鼻全体の高さ	25
鼻の下の高さ	25
ひねり(位置)	147
ひねり(強さ)	121, 147
ほほの高さ	27
ほほを下膨れに	27

パラメータ

あ 行	
あご先の上下	27
あごを下げる	27
脚の長さ	55
頭の大きさ	55, 127
頭の横幅	55
厚み倍率	121
位置(横)	117, 119
腕の長さ	55
エラを縮める	27

ま 行	
まゆげの傾き	26
まゆげの距離	26
まゆげの前後	128
まゆげの高さ	26
まゆげの縦幅	26
耳の大きさ	27
耳の向き	27
耳を縮小する	132
耳を丸める	132
胸の大きさ	55
目(女性)	52
目頭の高さ	25
目頭の湾曲を抑える	25
目尻の高さ	25
目全体を回転	25
目の可動域	156
目の縦幅	25
モデルの身長	55

か 行	
かかとを低く靴底を平らに	93
かげの入り幅	155
かげの硬さ	155, 164
かげのやわらかさ	156
肩の横幅	55
肩を膨らませる1	81
髪束の凹凸	104, 164
口(女性)	52
口(男性)	51
口の前後	51
口の高さ	26, 51
靴底を厚く	93
首の前後幅	55
首の長さ	55
首の横幅	55
口角の高さ	26
腰の大きさ	55

や 行	
指の太さ	55
横幅	106, 114

さ 行	
下まぶたを上げる	25
全身の大きさ	55
全体を膨らませる	65, 91, 93

■ 著者紹介

LUCAS

新潟県在住のVRoidクリエイター。
2019年から活動を開始、VTuber等のモデル依頼実績200体以上。
自身もVTuberとして活動を行っておりイベントへの参加、VRoidを活用した
MV制作等幅広く活動している。

X(Twitter)　　@lucas_VTuber
webサイト　　https://lucasvtuber.my.canva.site/

キャラクターデザイン	BEBE
カバー・本文デザイン	高橋香世子(Beeworks)
DTP	BUCH⁺
編集	一丸友美
協力	まさるドット子、LiLY、ひのきお、しいな、北千住千洋

VRoid Studioの表現を広げる
3Dアバターメイキング講座

2024年9月11日　初版　第1刷発行

著者		LUCAS
発行人		片岡巌(りゅうか)
発行所		株式会社技術評論社
		東京都新宿区市谷左内町21-13
		電話　03-3513-6150　販売促進部
		03-3513-6166　書籍編集部
印刷／製本		TOPPANクロレ株式会社

・定価はカバーに表示してあります。
・本書の一部または全部を著作権法の定める範囲を超え、無断で複写、複製、転載、テープ化、ファイルに落とすことを禁じます。
・造本には細心の注意を払っておりますが、万一、乱丁(ページの乱れ)や落丁(ページの抜け)がございましたら、小社販売促進部までお送りください。送料弊社負担にてお取替えいたします。

ISBN 978-4-297-14329-9 C3055
Printed in Japan
©2024 LUCAS

■ お問い合わせについて

　本書に関するご質問については、本書に記載されている内容に関するもののみ受付をいたします。本書の内容と関係のないご質問につきましては一切お答えできませんので、あらかじめご承知置きください。
　また、電話でのご質問は受け付けておりませんので、ファックスあるいは封書などの書面か下記のWebサイトまでお送りください。
　お送りいただいたご質問には、できる限り迅速にお答えできるよう努力いたしておりますが、場合によってはお答えするまでに時間がかかることがあります。また、回答の期日をご指定なさっても、ご希望にお応えできるとは限りません。あらかじめご了承くださいますよう、お願いいたします。

■ お問い合わせ先

〒162-0846
東京都新宿区市谷左内町21-13
株式会社 技術評論社　書籍編集部
『VRoid Studioの表現を広げる
3Dアバターメイキング講座』質問係
FAX：03-3513-6183
Web：https://gihyo.jp/book/2024/978-
4-297-14329-9/